マインクラフト プログラミング

Tech Kids School [著]
株式会社キャデック [編・著]

SHOEISHA

本書内容に関するお問い合わせについて

本書に関するご質問、正誤表については、下記のWebサイトをご参照ください。

正誤表　http://www.shoeisha.co.jp/book/errata/
刊行物Q&A　http://www.shoeisha.co.jp/book/qa/

インターネットをご利用でない場合は、FAXまたは郵便で、下記にお問い合わせください。

〒160-0006　東京都新宿区舟町5
(株)翔泳社 愛読者サービスセンター
FAX番号：03-5362-3818

電話でのご質問は、お受けしておりません。

やりたいことを見つけ、実現しよう

はじめに

近年、子供を対象としたプログラミング教育に対する社会的な関心が高まっています。小学生のお子さんをもつ保護者を対象とした「子供に習わせたい習い事」のアンケート調査でプログラミングがランキング上位に入るなど、子供の習い事の新定番として人気が集まっており、TVや新聞などでも見かける機会が増えてきました。私たちの運営している小学生向けプログラミングスクール「Tech Kids School」や小学生向けプログラミングワークショップ「Tech Kids CAMP」の生徒数や参加数も年々増加しており、いまでは累計受講者数が約3万人を超えるほどとなっています。

子供向けプログラミング教育に注目が集まるひとつの背景として、世界のさまざまな国でプログラミングが必修化されていることが挙げられます。たとえば、世界一の教育大国と言われるフィンランドでは、2016年から小学校でプログラミングが必修となりました。イギリス（イングランド）でも、2014年9月からプログラミングが5歳以上のすべての子供に必修となっているほか、アメリカでも、オバマ大統領（当時）は「ビデオゲームを買う代わりに、自分で作ってみよう」と述べて、プログラミングなどコンピューターサイエンス教育を推進していく方針を表明しました。そして日本でも、2020年から小学校でプログラミング学習を必修化する方針がすでに決定しています。

テクノロジーの進歩により、私たちの生活や社会は大変便利で豊かになりました。スマートフォンやインターネットは、もはや私たちの生活に欠かせない存在となっています。技術進歩のスピードは加速度的に速くなっており、10年後、20年後には、これまで人間が担ってきたさまざまな仕事をコンピューター（人工知能）やロボットが代替して行う時代が来ると言われています。お子さんが成長されて社会に出るときに、情報技術（ＩＴ）の重要性がいまよりももっと高まっていることに、疑いの余地はありません。

私たちの便利な生活を支えているしくみ、すなわち、コンピューターがうごしくみや、コンピューターを制御する技術であるプログラミングのことを、子供たちにもっと知ってもらいたい。子供たちが「コンピューターってすごいな！」「プログラミングって楽しいな！」そんなふうに思ってくれればという想いで、本書を執筆しました。

本書では、いま世界中で大人気のゲーム「Minecraft」を通じて、プログラミングを体験し、その基本的な考え方を学ぶことができます。「しょせんゲームでは？」と侮るなかれ。まずは親子でトライしてみてください。お子さんが「楽しい！」と感じることが、プログラミングへの興味につながり、継続的にプログラミングを学ぶ意欲につながります。プログラミングに「唯一解」（たったひとつの正解）はありません。夢中で取り組む中で、自分で課題や、やりたいことを見つけ、それを実現するために自分の頭で考えて試行錯誤するという体験を、ぜひしてほしいと思います。

多くの皆さんにとって、本書がプログラミングの楽しさを知る最初のきっかけとなることを願っております。

株式会社CA Tech Kids 代表取締役社長
上野 朝大
（文部科学省 プログラミング教育有識者会議 委員）

もくじ

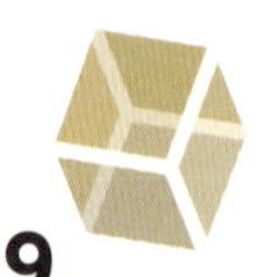

第7章 ラストクエストに挑戦だ！ 129

第8章 プログラミングを成功させるコツ 143

キーボードでプログラミングするの！？挑戦してみたいな！！

コードってなんだろう？難しいのかな？でも、楽しそう！

あの「マイクラ」でプログラミングするからコードもカンタンにわかるんだワン！

しょうくん

まいちゃん

ポチ

第1章

マインクラフトとは？

マインクラフトって知ってる？　もうゲームをプレイしたことある？　実はマインクラフトでもプログラミングの勉強ができるんだよ！

おうちの方へ

ゲームのイメージが強いマインクラフトですが、教育業界で注目されています。論理的思考力だけでなく、自分で考える創造力を養うことができます。

1 マインクラフトでコードプログラミングとは？ ゲームなのにプログラミングできる？

マインクラフトの世界でプログラミングしてみよう！

マインラフトは自由な箱庭の世界。楽しみかたもさまざまなものがあるよ。マインクラフトの世界はブロックの組み合わせでできているから、プログラミングの勉強と相性がいいんだ。マインクラフトでプログラミングの第一歩を踏み出そう！

プログラミングに使うマインクラフト

マインクラフトでプログラミングをするためには、パソコンでうごくマインクラフトが必要だよ。マインクラフトにはたくさんのバージョンがあるから気をつけてね！ゲーム機でうごくマインクラフトではプログラミングできないので注意しよう！

	Minecraft Java Edition	Minecraft	その他のエディション
対応機種	Windows (Windows10を含む) macOS Linux	Nintendo Switch Xbox One Minecraft for Windows 10 iOS／Android その他	PlayStation®4 Wii U ニンテンドー3DS PlayStation® Vita その他
特徴	いわゆる「PC/パソコン版」自由に改造したり、新しい機能を自分で開発したり、自由に改造したりできる！この本で使うのはこれ！	ゲーム機やタブレットで遊べる！違うゲーム機の間でもマルチプレイができるようになったよ。Minecraft Java Editionを買うとMinecraft for Windows 10もついてくるよ！	ほかにもいろいろなハード（機器）でマインクラフトが遊べる！

マインクラフトプログラミングの種類

ひとことでマインクラフトでプログラミングといっても、いくつか種類があるよ。

この本では❶の「ComputerCraftEdu」を使って勉強するよ。

❶「ComputerCraft」「ComputerCraftEdu」を使ったもの。
プログラミング学習のためにつくられたマインクラフトの環境だよ！ くわしくは次のページで！

❷「Minecraft hour of code」を使ったもの。
タブレットPCやブラウザを使ってマインクラフト風の世界でプログラミングできるよ。手軽に体験できるのがポイントだ。

https://code.org/minecraft
❷Minecraft hour of code

❸「Raspberry Jam Mod」を使ったもの。
人工知能の開発にも使われる人気のプログラミング言語「Python」を使ってマインクラフトの世界でプログラミングができるよ！ ちょっと難しいけど本格的なプログラミングが学びたい場合はこれをやってみよう。

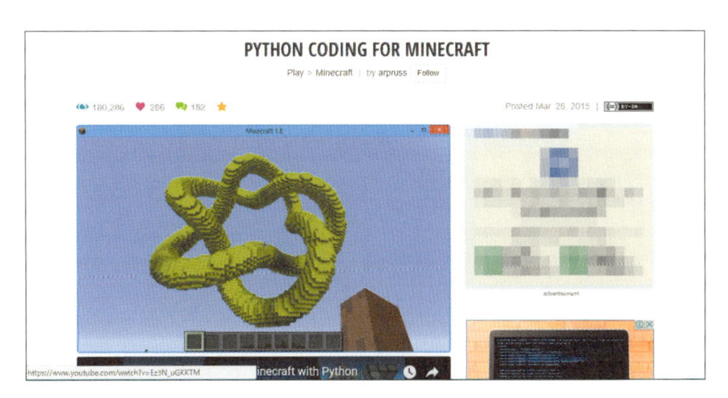

http://www.instructables.com/id/Python-coding-for-Minecraft/
❸Raspberry Jam Mod

2 マインクラフトでロボットをあやつる ComputerCraftEduとは

マインクラフトでのプログラミングを勉強するけど、そこで必要となるのがComputerCraftEduというModだよ。どんなものなのかな。

Modはアイスのトッピング

Windows/macOS版でのマインクラフトに人気がある理由のひとつに、世界中の人々が開発したModと呼ばれる追加プログラムを組み込んで、新しい要素をどんどん追加できることがあるよ。イギリスのダニエル・ラトクリフ氏（ハンドルネーム：Dan200）が開発したComputerCraftも、そうしたModのひとつなんだ。マインクラフトがバニラアイスだとするとそこにさまざまなModというトッピングで、自分だけのフレーバーを楽しむことができるんだ。

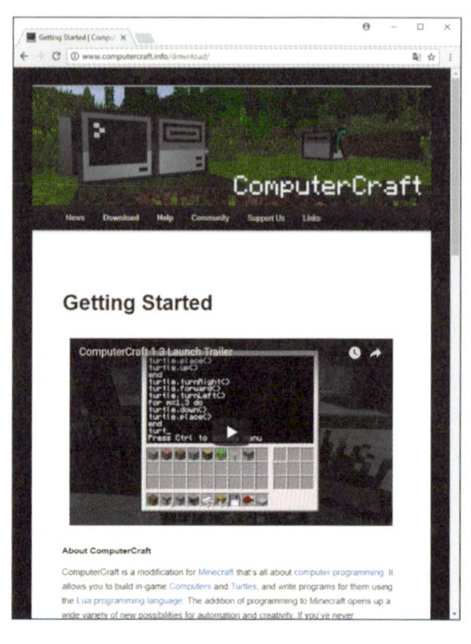

http://www.computercraft.info/
ComputerCraftのサイト。
Dan200が運営している

「ComputerCraft」と「ComputerCraftEdu」の違い

ComputerCraftEduは、2011年に初リリースされたコンピューター学習のためのMod「ComputerCraft」がもとになっているよ。

ComputerCraftでは、ふつうのプログラミングと同じように、「こうしたら、こうする」「その次はこうする」というように行動1つひとつを文章（コード）で書く、やりかたをするよ。このComputerCraftのコードを学びやすくしたのがこの本で勉強するComputerCraftEduなんだ。Lua言語のコードを使ったプログラミングを勉強するよ！

マインクラフトの中でLua言語というものを勉強するワン！

ComputerCraft

プログラミング言語の一種であるLua言語でプログラムする。

```
turtle.turnLeft(
turtle.turnLeft(
turtle.turnLeft(
_
Press Ctrl to access menu                Ln 4
```

文章（コード）を書いてタートルをうごかすよ

「タートル」にもたくさんの種類があるよ

ComputerCraftEdu

Lua言語に加えて絵文字のパネルも使うことができる。

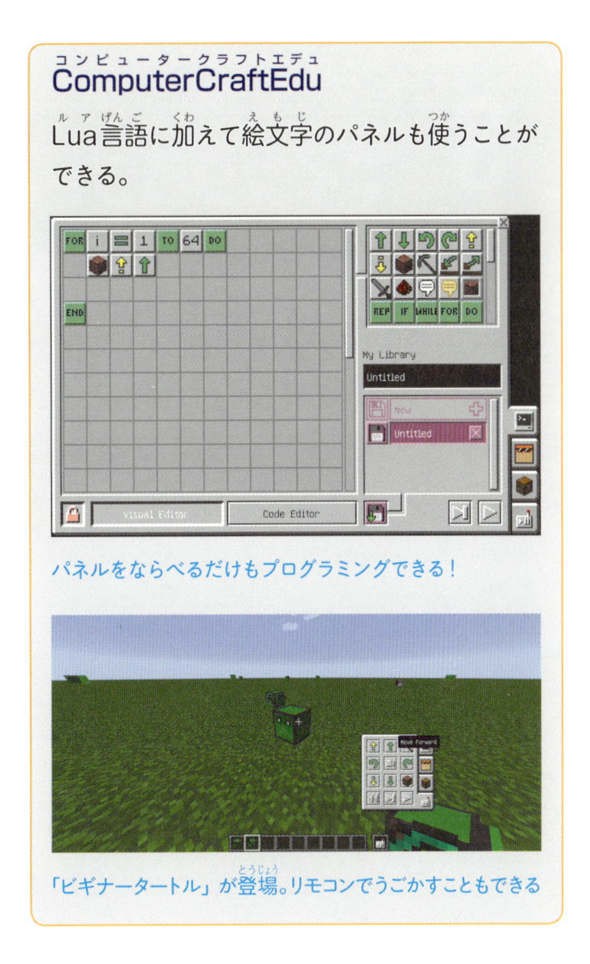

パネルをならべるだけもプログラミングできる！

「ビギナータートル」が登場。リモコンでうごかすこともできる

ComputerCraftEduはコンピューターの勉強にぴったり！

　マインクラフトの世界でプログラムできるので、楽しみながらコンピューターの勉強をするのに向いていることが注目されて、いまではComputerCraftEduをコンピューターの学習に使っている学校もあるよ。

複雑なこともできちゃう！

http://computercraftedu.com/
ComputerCraftEdu公式サイト。
ダウンロード方法は次のページを見よう

この本で、タートルを使ったプログラミングをいっしょにやってみよう！

3 パソコンを用意！ マインクラフトとModのインストール

おうちの人にやってもらおう！

このページの内容はおうちの人にやってもらってね。マインクラフトのインストールとComputerCraft EduのModを導入するまでの手順の概略を説明します※。

 インストールの前に

本書で解説していくマインクラフトでのコンピューター学習を始めるには、まず制作元であるMojang社のアカウント（利用権）を購入する必要があります。このアカウントで、Windows版、macOS版のいずれでも遊べます。また、購入にはクレジットカードもしくは、コンビニで買えるAmazonのギフトカードが必要となります。

Modの導入にはJavaが必要になります。最新のJavaがインストールされていない場合は、Javaの公式ホームページ（http://java.com/ja）からダウンロードして、インストールしておきます。

※おうちの方へ

本書で紹介している専用のクエストなどダウンロードコンテンツの詳細はダウンロードサイト（詳細はP.22）で公開していますので、そちらもご覧ください。また、マインクラフトには様々なバージョンがあります。ゲーム専用機／スマートフォン向けのマインクラフト、Windowsストアで購入できるWindows 10 Editionには対応していないので注意してください。

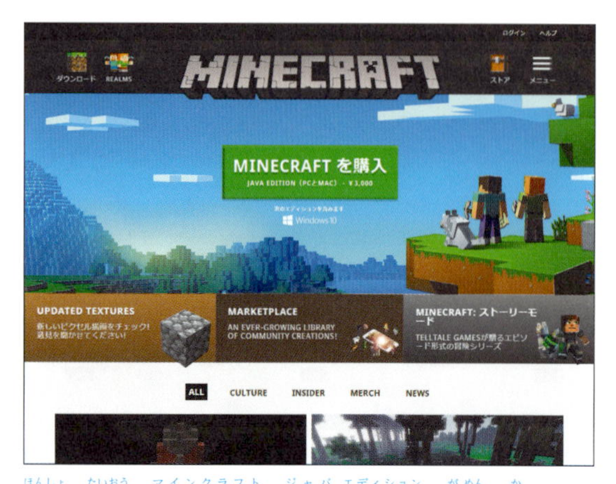

本書に対応（Minecraft : Java Edition）画面は変わることがある

http://java.com/ja

Mojangアカウントの購入（電子メールの認証）

インストールをはじめます。まず、マインクラフトの公式ホームページにアクセスし、マインクラフトをダウンロードできるMojangアカウントを購入します。

❶公式ホームページの「MINECRAFTを購入」をクリックします。
❷Mojangアカウント作成画面で必要事項を入力し、「アカウントを作成」ボタンをクリックします。
❸登録したメールアドレスにメールが届きます。
❹届いたメールアドレスの認証コードを入力し、「認証」ボタンをクリックします。

❶https://minecraft.net/にアクセスする

パズル認証が表示される場合があります

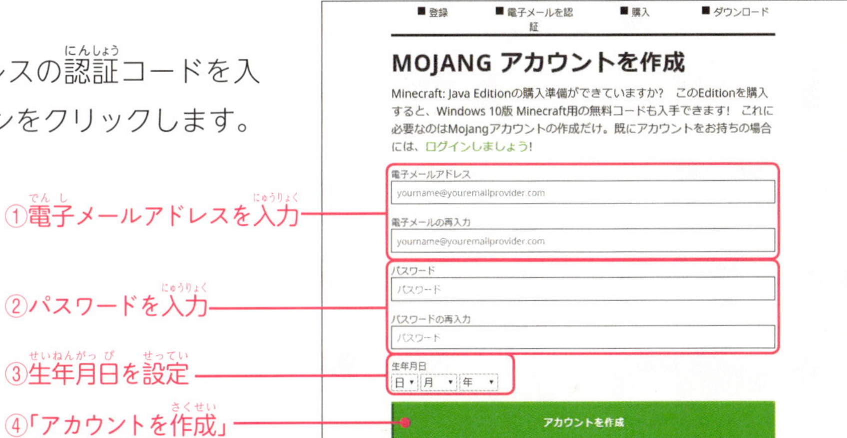

❷アカウント作成に必要な項目を入力する

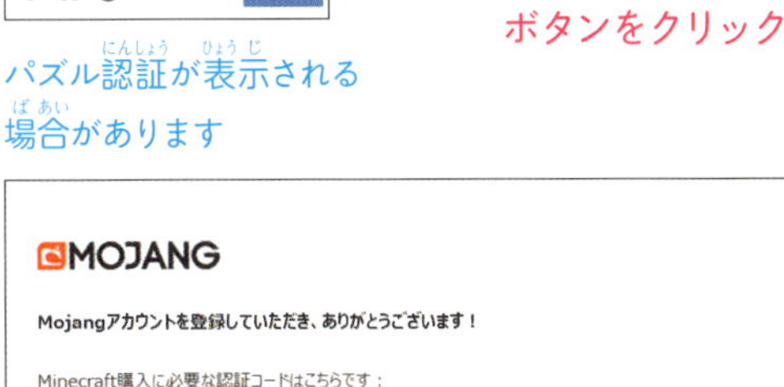

MOJANG

Mojangアカウントを登録していただき、ありがとうございます！

Minecraft購入に必要な認証コードはこちらです：

以下のリンクで認証できます：

https://minecraft.net/store/minecraft#verify/

登録をリクエストされていない場合は、このメールを無視しても問題ありません。

それでは良い 口を。
Mojang社

❸入力したメールアドレスにメールが届く。認証コードを確認する

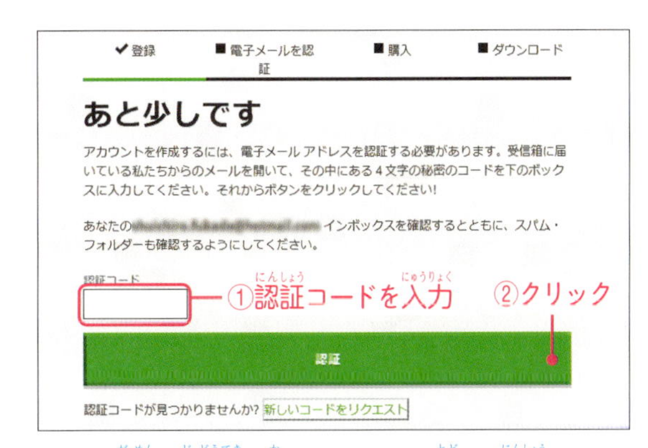

❹この画面に自動的に変わる。メールで届いた認証コードを入力し、「認証」ボタンをクリックする

Mojangアカウントの購入（購入手続き）

❶購入手続き画面に移動します。上部の「Minecraft profile」に入力するユーザー名は、ゲーム上でも表示されるものです。短い名前やすでに使われている名前は使えません。カード番号を入力し、値段を確認後「￥3,000のために購入」ボタンをクリックします。

❷購入に成功すれば購入完了画面が表示されます。「WINDOWSを獲得するためダウンロードする」ボタンをクリックして、ダウンロードを開始します。

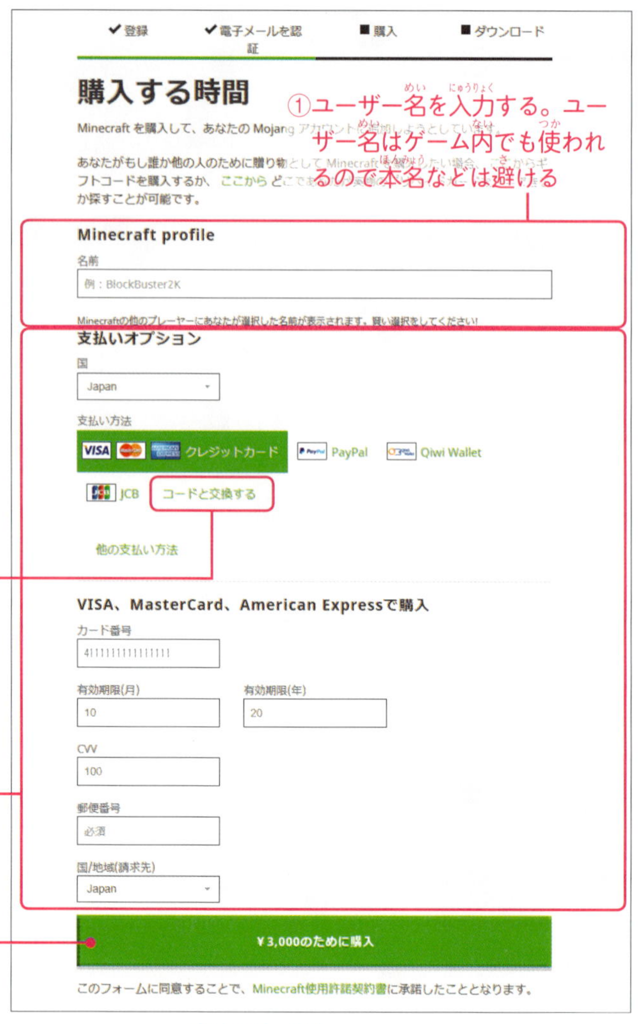

❶マインクラフトの購入手続き画面

クレジットカードがない場合は、コンビニでAmazonのギフトカードを購入して、AmazonのサイトからMinecraft（PC＆MAC）のダウンロードカードを購入できます。

❷購入完了画面

マインクラフトランチャーのインストール

購入が完了すると公式サイトからインストーラーのダウンロードができるようになります。Windows版のダウンロードをクリックし、ダウンロードしたファイル（MinecraftInstaller.msi）を実行します。指示にしたがって「Next」ボタンをクリックしていけばインストールの完了です。

Windows版インストーラーをダウンロードして、実行する。macOS版の場合はP.21を参照

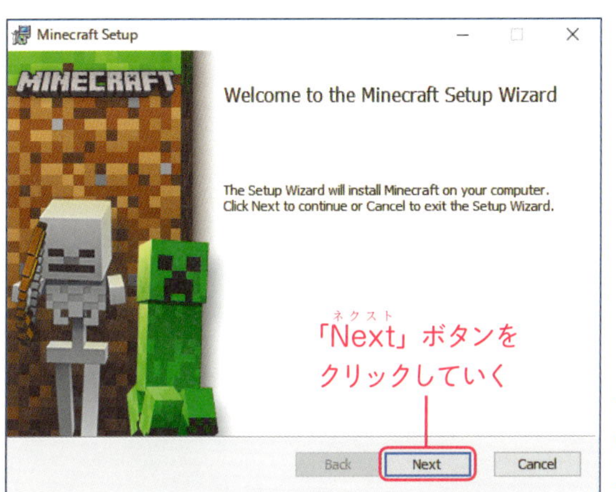

マインクラフト起動用アイコン

マインクラフトのインストール画面。「Next」ボタンをクリックしていけばインストール完了

マインクラフトランチャーにログイン

マインクラフトを起動し、IDとパスワードを入力し、マインクラフトランチャーにログインします。ログイン後、マインクラフトランチャーをいったん終了します。

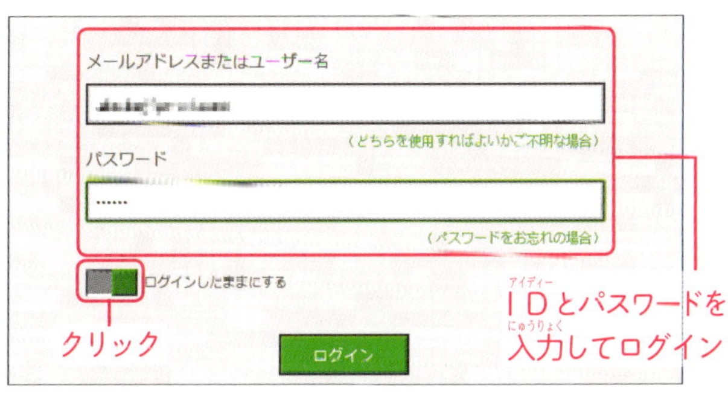

❶マインクラフトランチャーのログイン画面

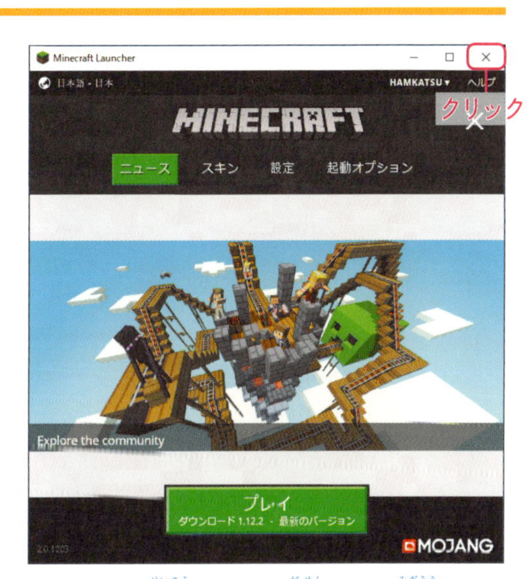

❷ログインに成功するとこの画面になる。右上の「×」ボタンをクリックして、一度終了する

FORGEのダウンロード

FORGEのダウンロードページ（http://files.minecraftforge.net/）にアクセスして、ComputerCraftEduの土台となるModであるFORGEをダウンロードします。

❶対応するマインクラフトのバージョンである「1.8.9」を選択して、「Windows Installer」をクリックします。
❷広告を無視し右上の「SKIP」ボタンをクリックしてFORGEをダウンロードします。

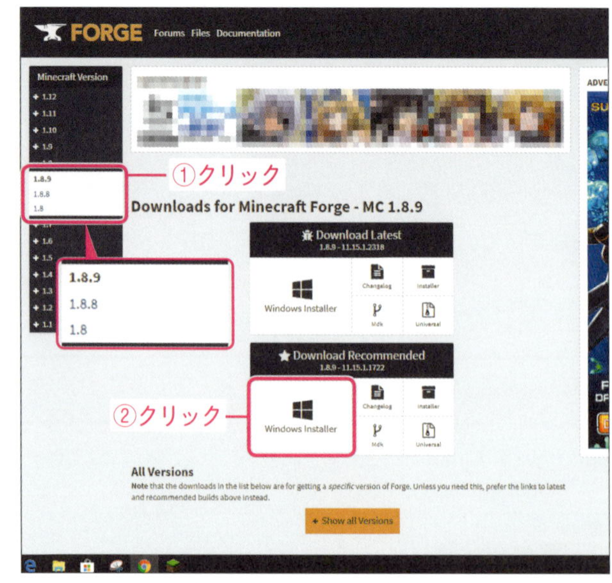

❶バージョンを選択し、「Windows Installer」をクリック（macOS版は「Installer」をクリック）

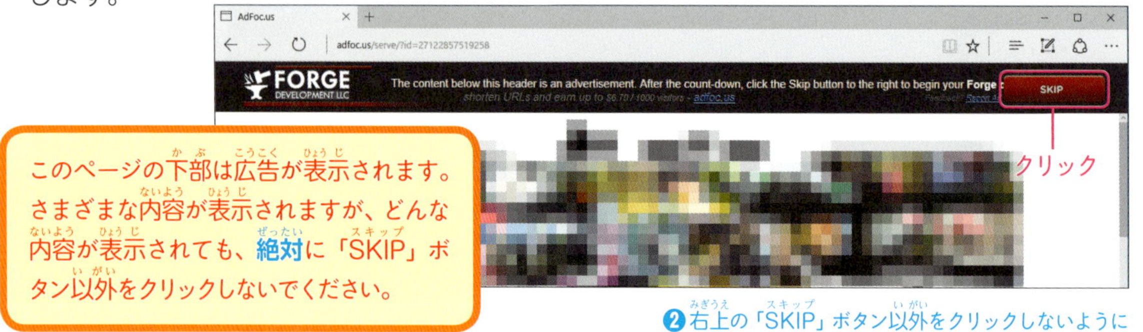

このページの下部は広告が表示されます。さまざまな内容が表示されますが、どんな内容が表示されても、**絶対**に「SKIP」ボタン以外をクリックしないでください。

❷右上の「SKIP」ボタン以外をクリックしないように

FORGEのインストール

ダウンロードしたFORGEのインストーラーを起動します。「Install client」をクリックして、「OK」ボタンをクリックし、FORGEをインストールします※。

※FORGEなどModの導入はマインクラフトのゲームやコンピューターに有害な影響を与える可能性があります。FORGE、ComputerCraft、ComputerCraftEdu等のModの導入による損害は補償できません。専用にしたパソコンを使うなど安全性に配慮したうえで個人の責任で行ってください。

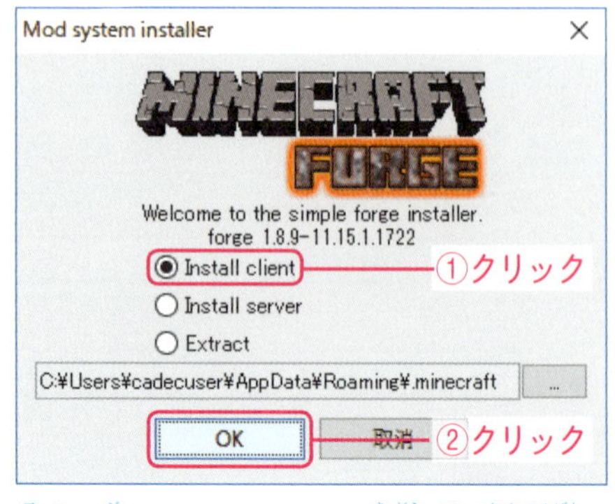

FORGEのインストーラーを起動。macOS版の場合はP.21を参照

起動オプションの新規作成

FORGEを導入したので、それに合わせて起動オプションを新規作成します。

❶マインクラフトランチャーを起動し、IDとパスワードを入力し、ログインしておきます。右上のメニューボタンをクリックします。

❷上部にメニューが表示されます。「起動オプション」ボタンをクリックし、「新規作成」ボタンをクリックします。

❸起動オプション画面で起動オプションを設定、保存します。

❶マインクラフトランチャー

❷起動オプション画面（最初に表示される起動オプションは環境によって変わります）

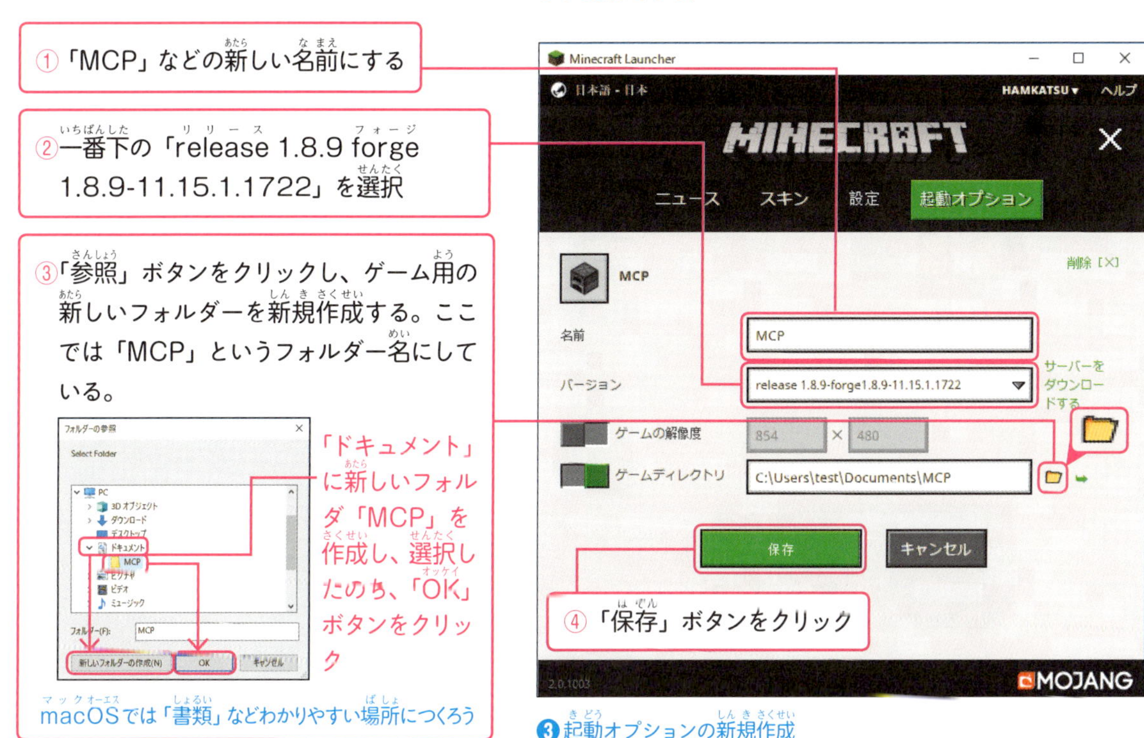

❸起動オプションの新規作成

❹「ニュース」ボタンをクリックします。「プレイ」ボタンの右の▲をクリックして、前のページで確認した「起動オプション」（ここでは「MCP」）を選択します。

❺新しい起動オプションになっていることを確認し、「プレイ」ボタンをクリックします。

❻マインクラフトが起動します。左下に「Forge」と表示されていればFORGEが組みこまれたことが確認できます。ここでいったんこのあとの作業に備えて、「Quit Game」ボタンをクリックしてマインクラフトを閉じます。

❹起動オプションを選択

❺新しい起動オプションになっていることを確認し、マインクラフトを起動する

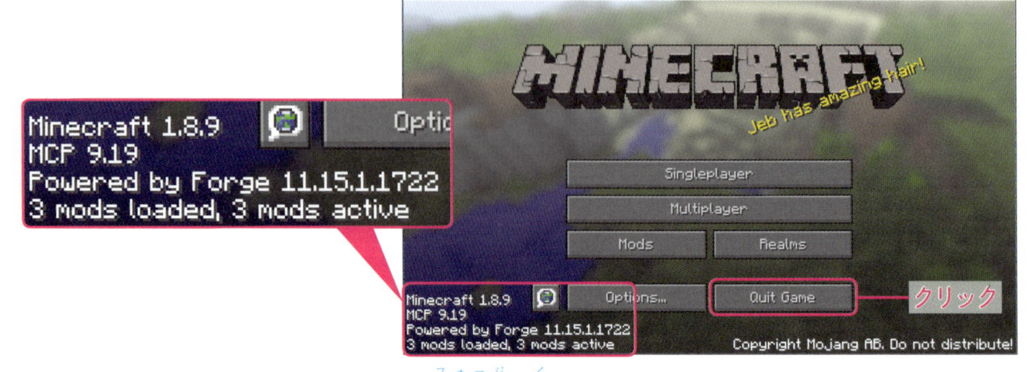

❻FORGEが組みこまれた

ComputerCraftEduのダウンロード

今回の学習の要となる、「ComputerCraft Edu」をマインクラフトに導入します。

❶ComputerCraftEduの公式ページ（http://computercraftedu.com/）にアクセスして、「Getting Started」をクリックします。
❷「I'M A PLAYER」をクリックします。
❸「Download Mod For 1.8.9」ボタンをクリックして、ファイルをダウンロードします。

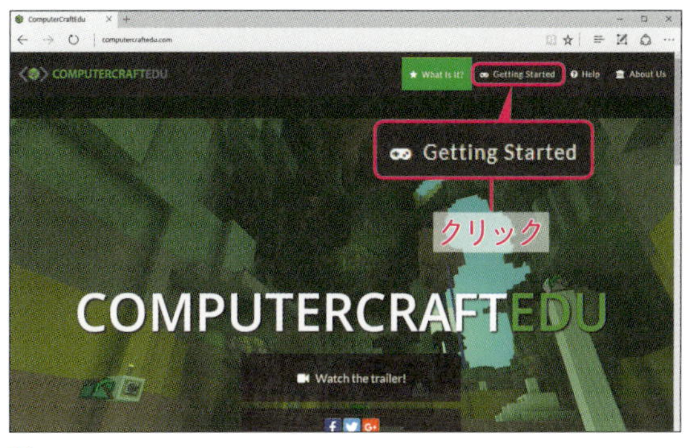

❶http://computercraftedu.com/

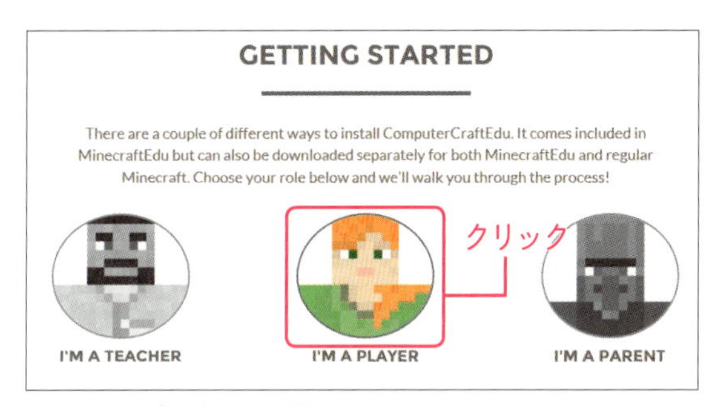

❷「I'M A PLAYER」を選ぶ

❸バージョン1.8.9用のModをダウンロードする

ComputerCraftEduのインストール

❶Windowsのタスクバーから、エクスプローラーのボタンをクリックしてエクスプローラーを開きます。ゲームディレクトリに設定した「ドキュメント」の「MCP」フォルダーを開きます。
❷ダウンロードしたファイルを「mods」フォルダー内にコピーします。マインクラフトランチャーを起動して、「プレイ」ボタンをクリックし、マインクラフトを起動します。

❶Windowsのエクスプローラーのボタンをクリック

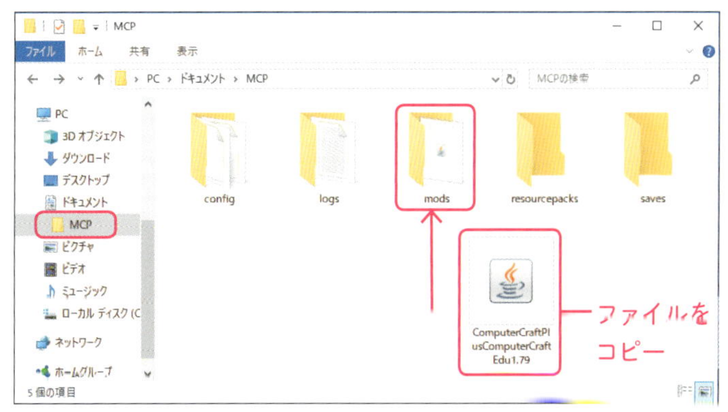

❷ダウンロードしたファイルを「mods」フォルダーに入れる

マインクラフトの日本語化

マインクラフトを日本語化します。この設定を行うとメニューの一部が日本語になり使いやすくなります。

❶マインクラフトを起動し、「Options...」ボタンをクリックします。
❷「Language...」ボタンをクリックします。
❸「日本語（日本）」を選び、「完了」ボタンをクリックします。

❶マインクラフトを起動

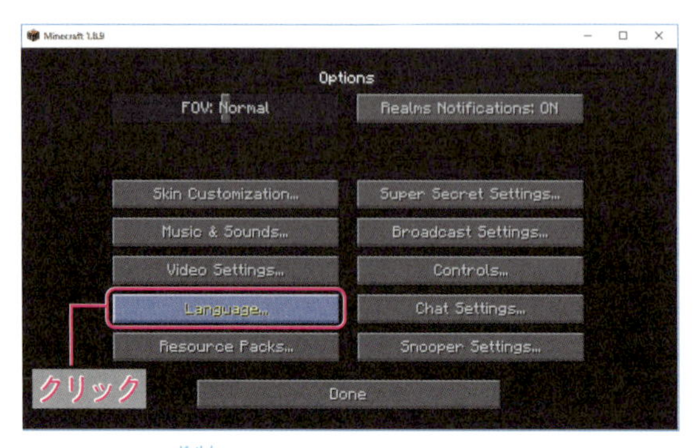

❷オプション画面

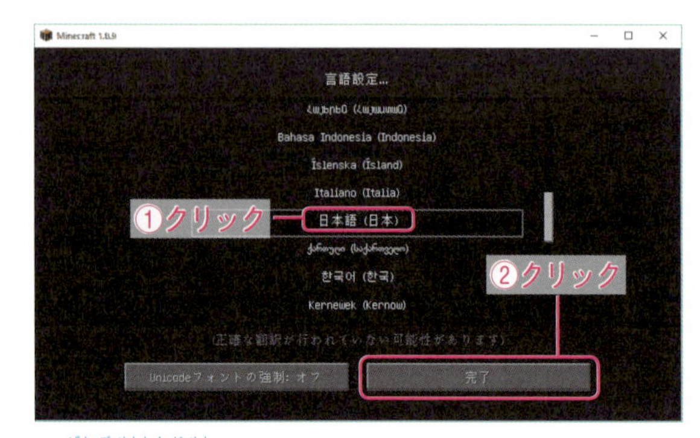

❸言語選択画面

導入完了

これで完了だワン！

メニューが日本語になって、ModにComputerCraftEduが表示されていればインストールの完了です。

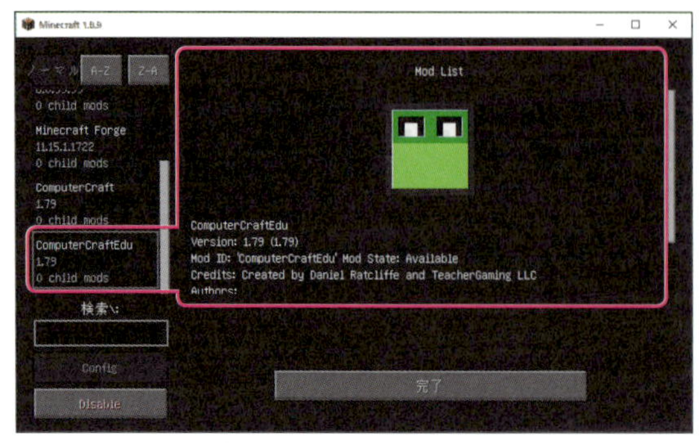

メニューの「Mods」ボタンでModを確認できる

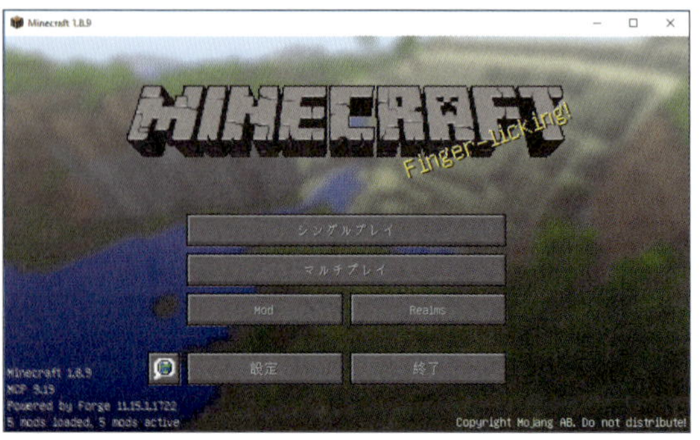

導入完了！

 インストール(macOS版)

macOS版のインストールはマインクラフトのアイコンをドラッグ＆ドロップして行います。「デスクトップ」や「書類」などわかりやすい場所にゲームディレクトリを設定するとよいでしょう。

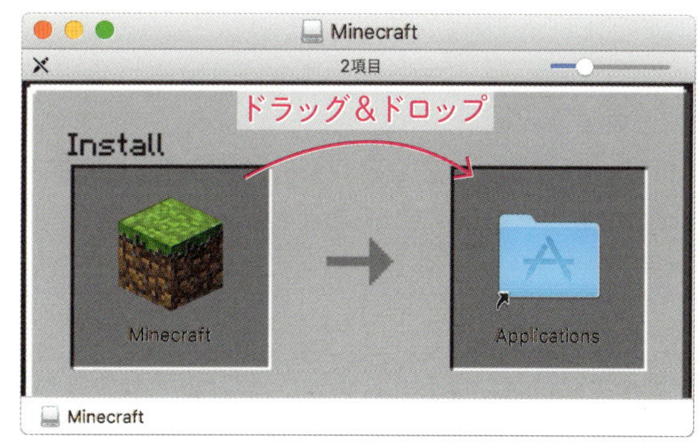

macOS版のインストール

 FORGEのダウンロードとインストール（macOS版）

macOS版の場合、FORGEのインストールに失敗する場合があります。その場合は「システム環境設定」の「セキュリティとプライバシー」→「一般」から「ダウンロードしたアプリケーションの実行許可」にある「このまま開く」をクリックし、FORGEをインストールします。

FORGEのインストールの際のエラー

「システム環境設定」メニュー

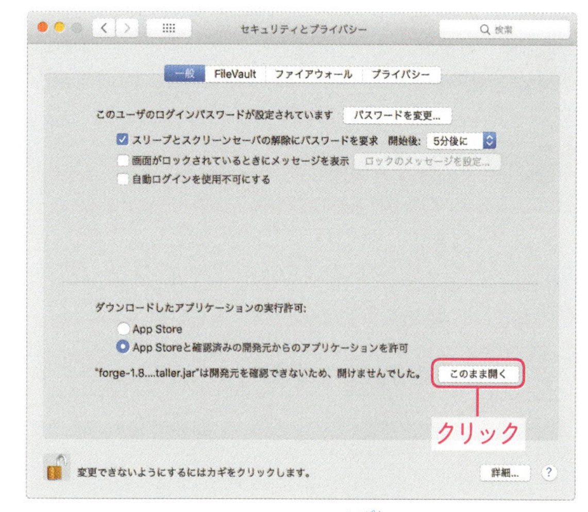

「セキュリティとプライバシー」→「一般」

※FORGEなどModの導入はマインクラフトのゲームやコンピューターに有害な影響を与える可能性があります。FORGE、ComputerCraft、ComputerCraftEdu等のModの導入による損害は補償できません。専用にしたパソコンを使うなど、安全性に配慮したうえで個人の責任で行ってください。

4 ファイルをダウンロードしよう！ クエストデータの導入

クエストをプレイするための方法だよ。プログラミングに慣れたら挑戦してみてね。

クエストデータのダウンロードと解凍

クエストデータのダウンロードサイト

http://www.shoeisha.co.jp/book/detail/9784798155050

にアクセスして「クエストデータのダウンロード」をクリックして、ファイルをダウンロードするよ。ダウンロードしたファイルを解凍しておこう。

また本書で紹介しきれなかったコンテンツを掲載した特典ファイルは、以下のページからダウンロードできます。

特典ファイルのダウンロードサイト

http://www.shoeisha.co.jp/book/present/9784798155050

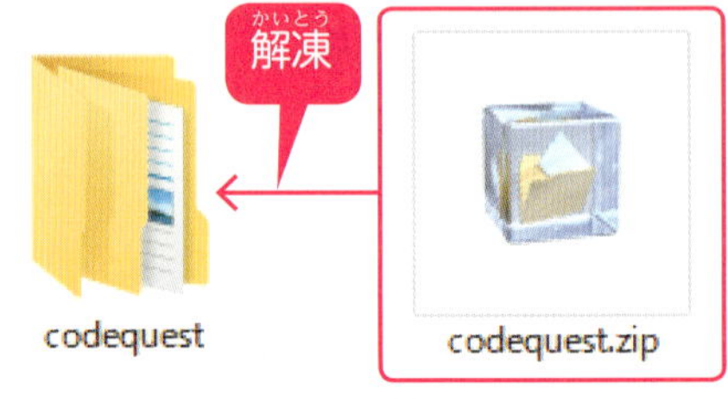

圧縮ファイルを解凍しておこう

フォルダーを開く

❶Windowsのタスクバーの「エクスプローラー」ボタンをクリックしてエクスプローラーを表示させよう。

❷「ドキュメント」の「MCP」をクリックしてマインクラフトのデータがあるフォルダーにアクセスしよう。

❶エクスプローラーを起動

❷「ドキュメント」の「MCP」をクリックし、ゲームディレクトリを開く

 「saves」フォルダーに解凍したデータをコピー

マインクラフトのゲームフォルダーが開く。解凍したデータをまるごと「saves」フォルダーにコピーしよう。これでクエスト専用のワールドがマインクラフトに組みこまれるよ。

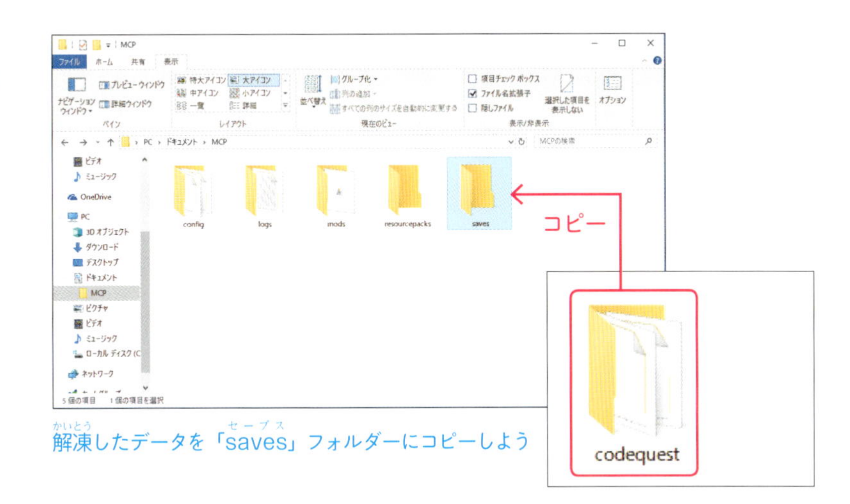

解凍したデータを「saves」フォルダーにコピーしよう

 ダウンロードクエストをプレイしよう

❶マインクラフトランチャーを起動して、「プレイ」ボタンをクリックし、マインクラフトを起動しよう。

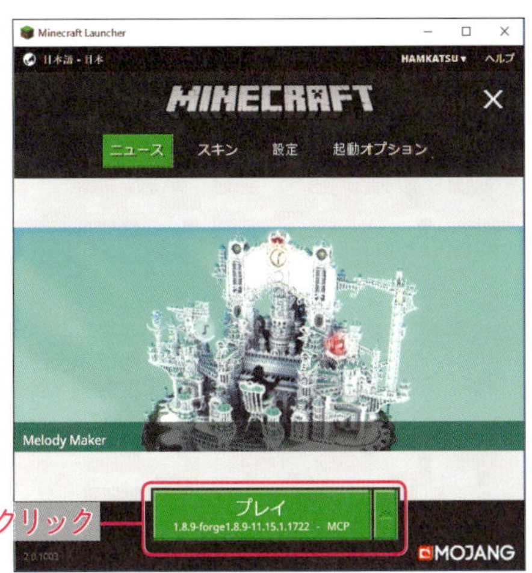

「クエスト」が組みこまれたかどうか、確認してみよう

❶マインクラフトランチャーからマインクラフトを起動！

❷「シングルプレイ」ボタンをクリックするよ。

❸「codequest」を選択して、「選択したワールドで遊ぶ」ボタンをクリックしよう。

❷「シングルプレイ」ボタンをクリック

❸「codequest」が追加されていれば成功だ！

5 Windows版の操作と文字入力 キーボードでの操作と文字入力

キーボードで操作

キーボードでマインクラフトを操作する方法を説明するよ。

W：前進（2回連打でダッシュ）
S：後退
A：左平行移動
D：右平行移動

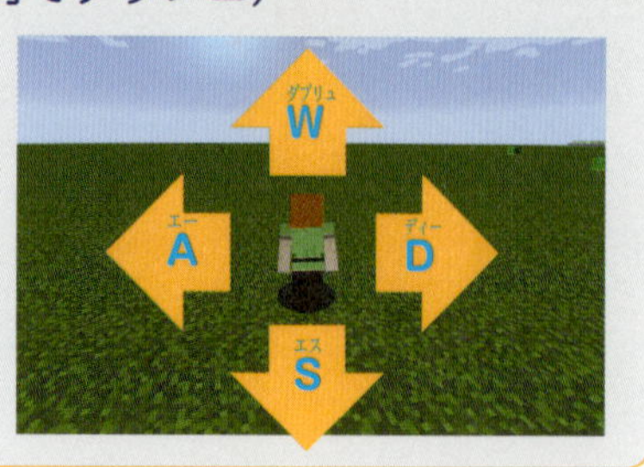

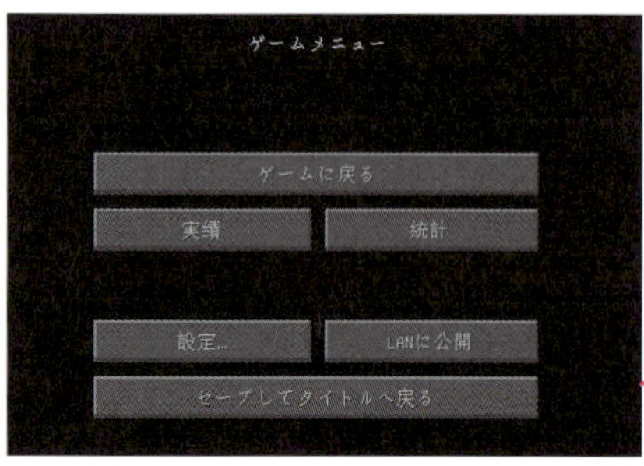

ESC：ゲームメニュー表示

F1：UI表示／非表示

F2：スクリーンショット

F3：情報表示／非表示

1〜9：アイテムスロット選択（キーボードの配列が枠の位置に対応）

Tab：プレイヤーリスト表示／非表示（マルチプレイ時）

Q：持ったアイテムを投げる

左Ctrl：W キーと同時押しでダッシュ

左Shift：
- しゃがむ
- 乗り物から降りる
- 下降（クリエイティブモードでの飛行時）

E：インベントリを開く／閉じる

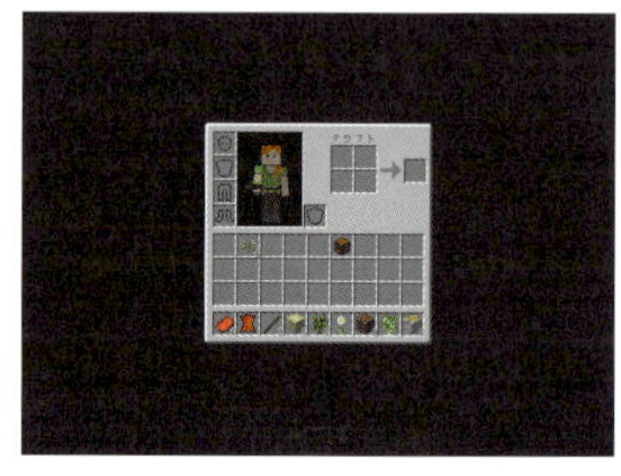

F5：
視点切り替え（一人称→三人称→背後）

左クリック：

- ブロックはかい／こうげき
- アイテムを選択（インベントリ展開中）

やりながら覚えていこう！

マウス移動：視点移動

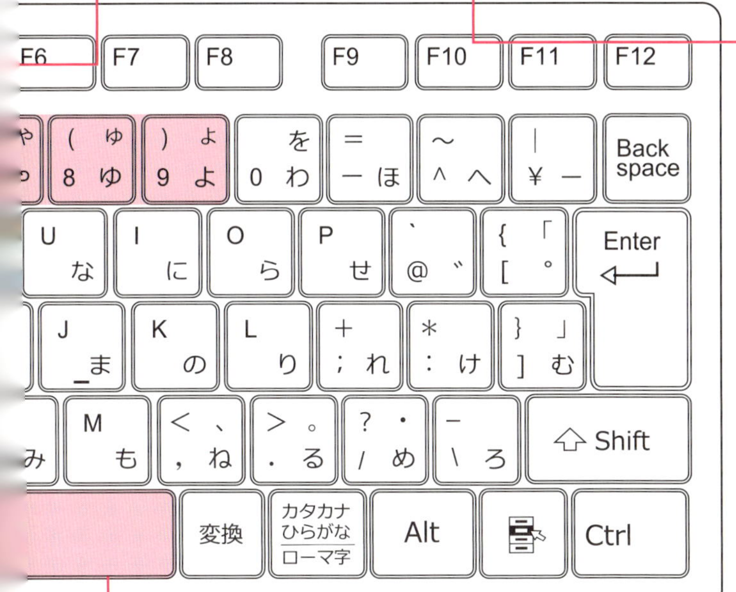

Space：

- ジャンプ
- 水中で上昇
- 2回連打で飛行・上昇（飛行はクリエイティブモードのみ。再度2回連打で飛行解除）

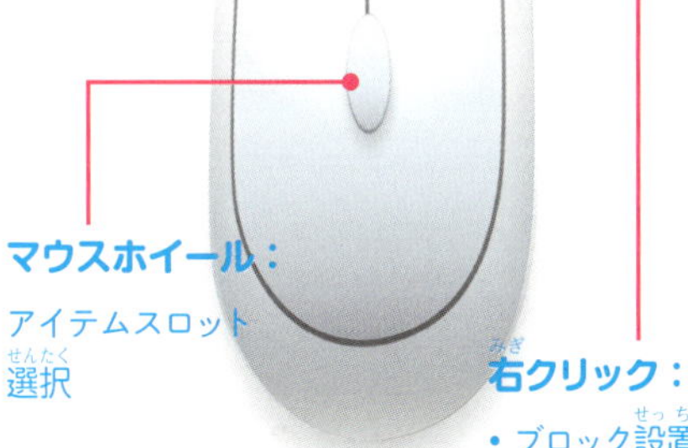

マウスホイール：
アイテムスロット選択

右クリック：

- ブロック設置
- アイテム使用
- 乗り物に乗る

アイテムの前で右クリック

そのアイテムを使用（作業台）

キーボードの使い方（文字入力）

プログラミングに使用するアルファベットや記号を入力するときには、「半角／全角|漢字」ボタンを押して日本語入力をオフにしておき、直接アルファベットが入力できるようにしておく必要があるよ。

キーボードのここを押す

キーボードの入力モードが、「A」になっていれば、半角のアルファベット入力モードになっていることを示しているよ。

アルファベットの入力モードになっていることを確認

アルファベットの入力方法（小文字／大文字）

アルファベット（小文字）

文字	キー
a	A ち
b	B こ
c	C そ
d	D し
e	E い
f	F は
g	G き
h	H く
i	I に
j	J ま
k	K の
l	L り
m	M も
n	N み
o	O ら
p	P せ
q	Q た
r	R す
s	S と
t	T か
u	U な
v	V ひ
w	W て
x	X さ
y	Y ん
z	Z つ

アルファベット（大文字）

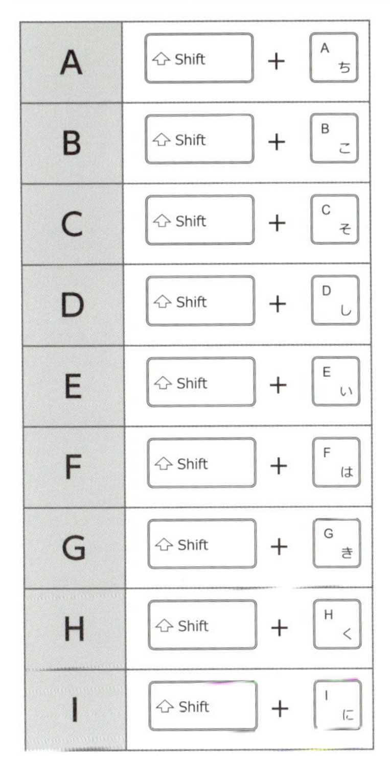

文字	キー
A	⇧Shift + A ち
B	⇧Shift + B こ
C	⇧Shift + C そ
D	⇧Shift + D し
E	⇧Shift + E い
F	⇧Shift + F は
G	⇧Shift + G き
H	⇧Shift + H く
I	⇧Shift + I に
J	⇧Shift + J ま
K	⇧Shift + K の
L	⇧Shift + L り
M	⇧Shift + M も
N	⇧Shift + N み
O	⇧Shift + O ら
P	⇧Shift + P せ
Q	⇧Shift + Q た
R	⇧Shift + R す
S	⇧Shift + S と
T	⇧Shift + T か
U	⇧Shift + U な
V	⇧Shift + V ひ
W	⇧Shift + W て
X	⇧Shift + X さ
Y	⇧Shift + Y ん
Z	⇧Shift + Z つ

記号の入力方法

記号	
(	⇧Shift ＋ [(ゆ / 8 ゆ]
)	⇧Shift ＋ [) よ / 9 よ]
=	⇧Shift ＋ [= / ー ほ]
.	[> 。 / . る]
,	[< 、 / , ね]
"	[" / 2 ふ]
空白	[ ]（スペースキー）
>	⇧Shift ＋ [> 。 / . る]
<	⇧Shift ＋ [< 、 / , ね]
改行	[Enter ↵]
タブ	[Tab ⇆]

数字	
1	[! / 1 ぬ] か [1 / End]
2	[" / 2 ふ] か [2 / ↓]
3	[# ぁ / 3 あ] か [3 / Pg Dn]
4	[$ ぅ / 4 う] か [4 / ←]
5	[% ぇ / 5 え] か [5 / _]
6	[& ぉ / 6 お] か [6 / →]
7	[' ゃ / 7 や] か [7 / Home]
8	[(ゅ / 8 ゆ] か [8 / ↑]
9	[) ょ / 9 よ] か [9 / Pg Up]
0	[を / 0 わ] か [0 / Insert]

キーボードでプログラミングしてみよう

アルファベットを習ったことはあるかな？　習ったことがあるなら、キーボード入力にもチャレンジできるよ！まずは簡単なプログラムから挑戦してみよう！

おうちの方へ

「タートル」という小さなコンピューターを使って、「すすむ」「ほる」などの基本的なプログラミングを学びます。実際にキーボード上で文字を入力しながら、プログラミングしていきます。

1 プログラミングの前にタートルを装備！ この本の主役「タートル」の準備！

 クリエイティブモードでゲームをスタート！

まずは、ゲームの起動。そしてプログラミングに必要な「タートル」を呼び出すための準備をしよう。いよいよマインクラフトの世界でのプログラミングがはじまるよ！

まず、プログラミングをするための新しいワールドを準備しよう。クエストをやる前に自分の世界で練習しておこうね。

❶マインクラフトランチャーからマインクラフトを起動。
❷「シングルプレイ」ボタンを選択。
❸「ワールド新規作成」ボタンをクリック。
❹ワールド名を入力して、ゲームモードを「クリエイティブ」にしたら、「ワールド新規作成」ボタンをクリック。
❺プログラミングの世界に飛び込もう。

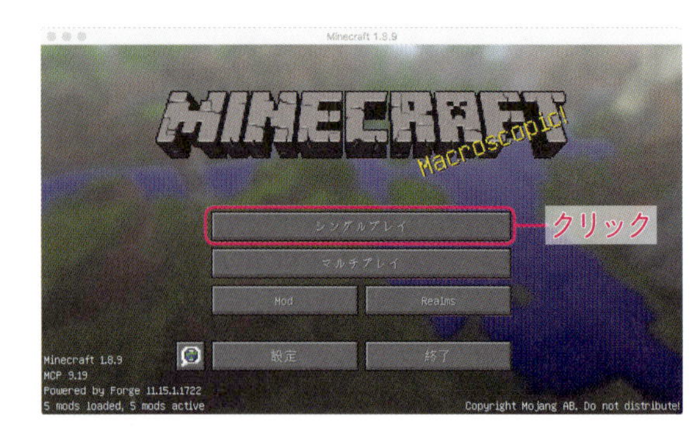

❷「シングルプレイ」ボタンをクリック

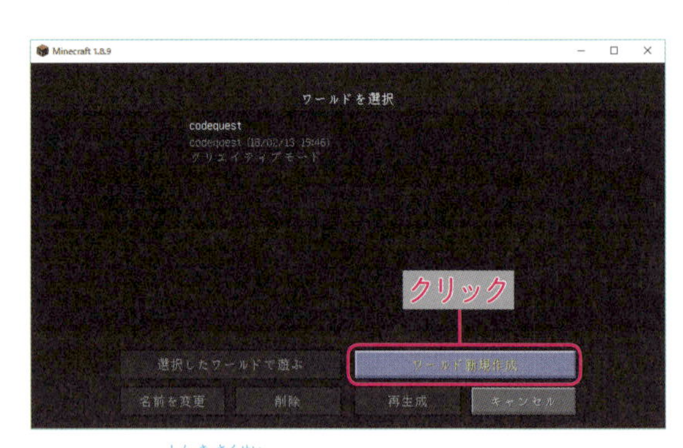

❸「ワールド新規作成」ボタンをクリック

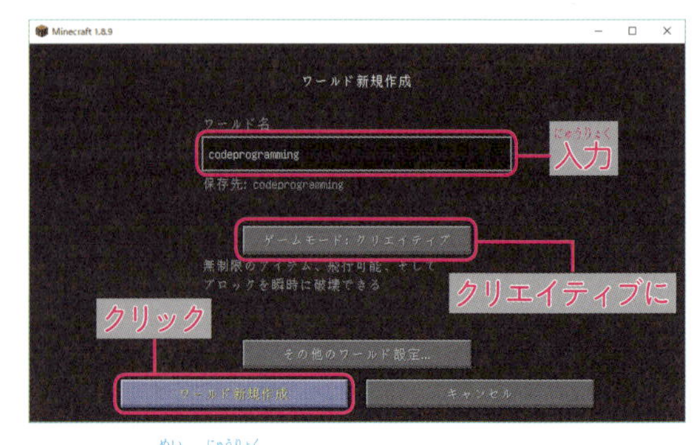

❹ワールド名を入力して、「ゲームモード：クリエイティブ」にしたら「ワールド新規作成」ボタンをクリック

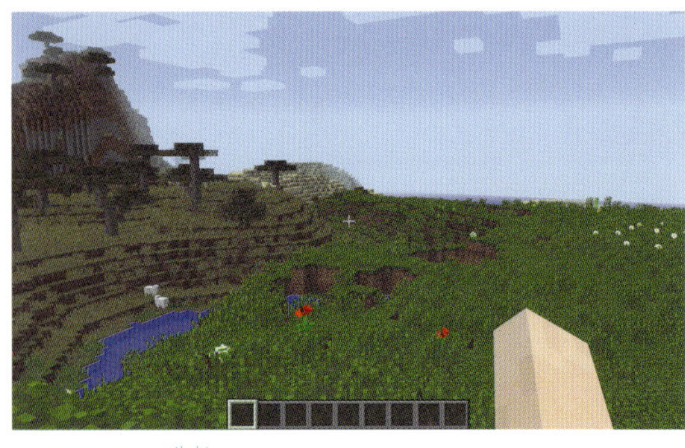

❺マイクラの世界でプログラミングだ！

タートルとリモコンをアイテムスロットに入れよう

まずはプログラミングで使うタートルをアイテムスロットに入れよう。タートルはつるはしをもっていない「Begginers Turtle」とつるはしをもっている「Begginers Mining Turtle」の2種類がある。右側の「Begginers Mining Turtle」を選ぼう。

❶キーボードの E キーを押して、インベントリを開き、右上の青いボタンをクリックしよう。
❷「ComputerCraftEdu」のタブをクリックして、タートルとリモコンをアイテムスロットにドラッグして移そう。

クリック

❶「インベントリ」の右上の青いボタンをクリック

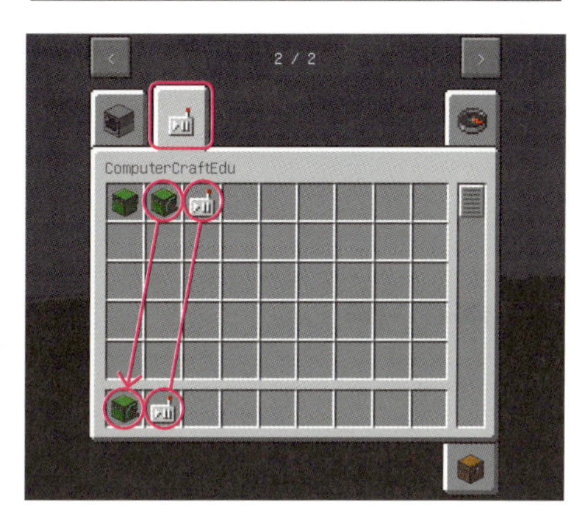

❷「ComputerCraftEdu」のタブをクリックして、タートルとリモコンをアイテムスロットに移す

アイテムスロットからリモコンを装備！

アイテムスロットでリモコンを選んで右クリックすると、アイテムスロットの右側にリモコンが表示されるよ！　これでタートルをプログラミングする前の準備は終了！

❶キーボードの数字か、マウスのホイールでアイテムスロットをリモコンにあわせる。
❷右クリックで装備！

これで準備完了！

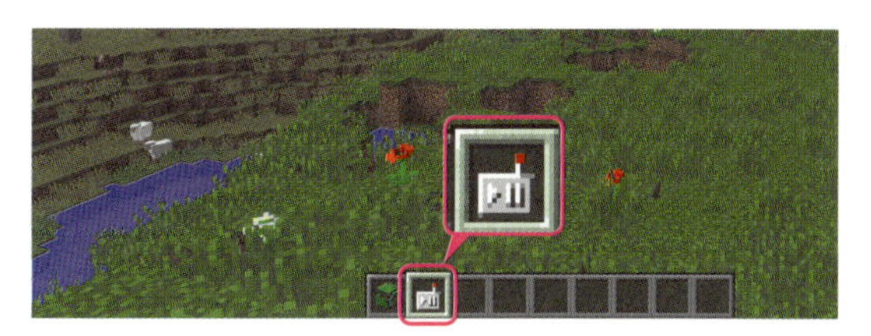

❶スロットをリモコンにあわせて…

❷右クリックで装備できるよ

2 リモコンの操作をおぼえよう！ タートルを出してリモコンでうごかそう！

 タートルのリモコンを出してみよう！

アイテムスロットからプログラミングの主役のタートルを呼び出してみよう！ タートルをこわしてしまってもだいじょうぶ！ タートルは何個でも出すことができるよ。

❶アイテムスロットでタートルを選び、右クリックでタートルが出現！

❷さらにタートルを右クリックでリモコンが出てくるよ！

❶アイテムスロットでタートルを選択して右クリック

❷出てきた「タートル」を右クリック

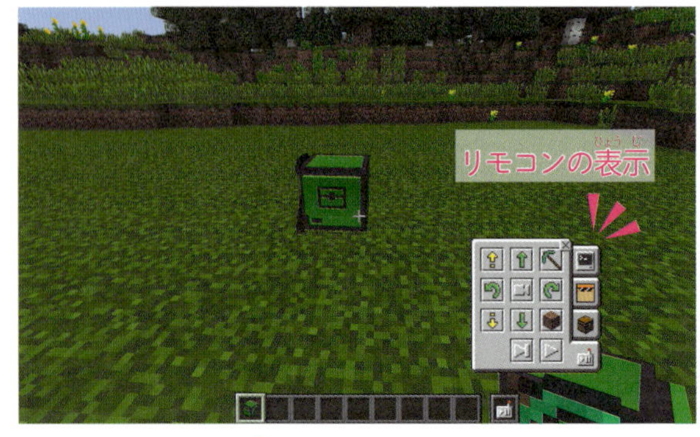

タートルのリモコンが出てくる！

リモコンでタートルをうごかしてみよう！

リモコンの各ボタンをクリックするとタートルがうごくよ！　リモコンのボタンをいろいろ押してみて、タートルをうごかそう！

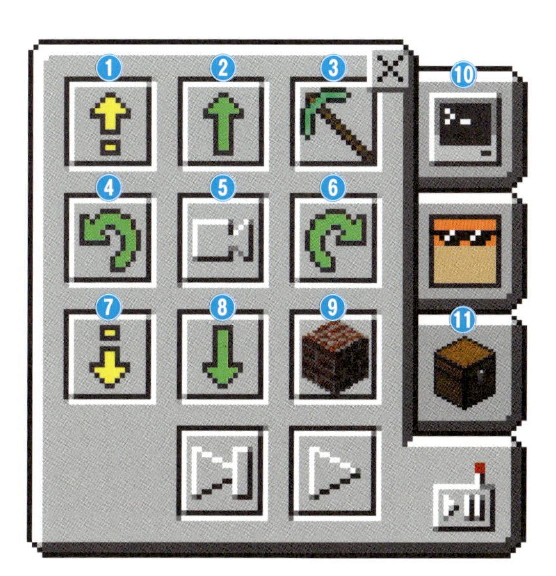

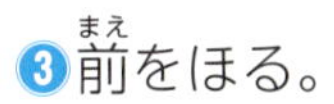

❸前をほる。

❺カメラをタートルの視点にする。

❾ブロックをおく。

❿プログラムをつくる画面を開く。

⓫タートルのインベントリを開く。

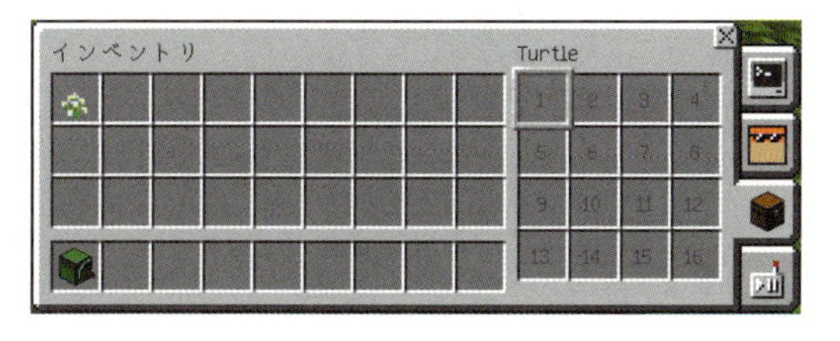

タートルのインベントリ

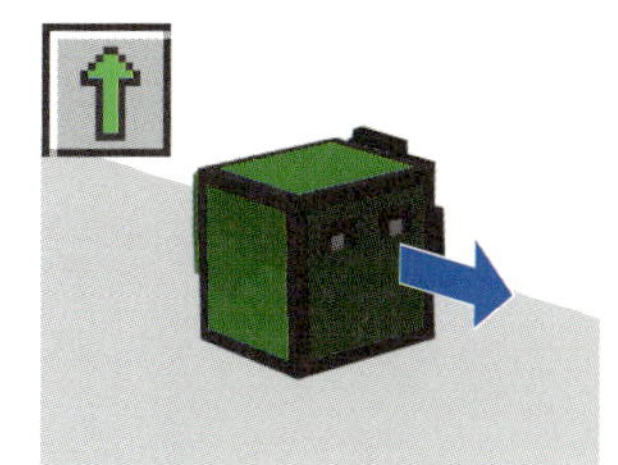

❷前に進む

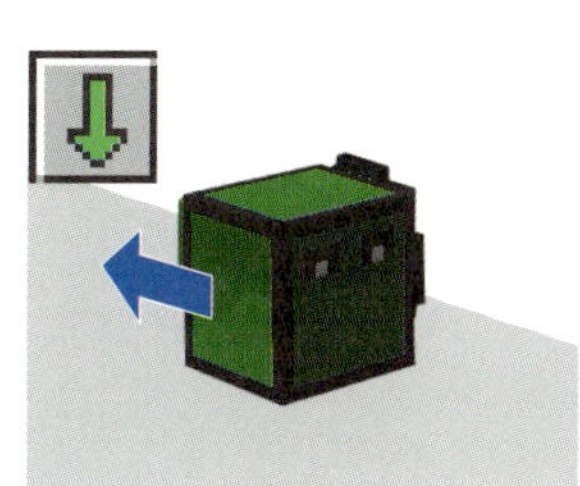

❽後ろに進む

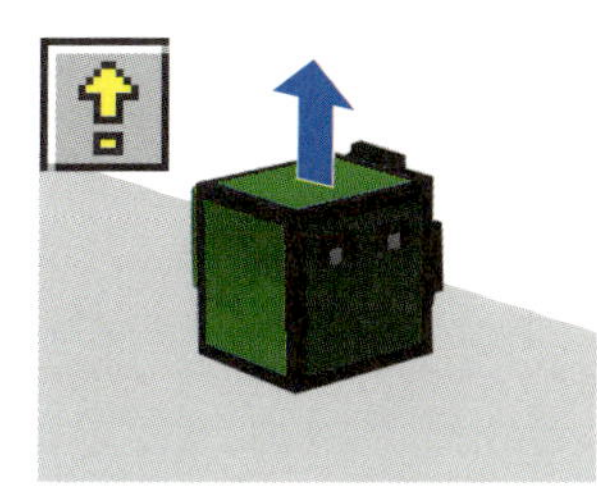

❶上に進む

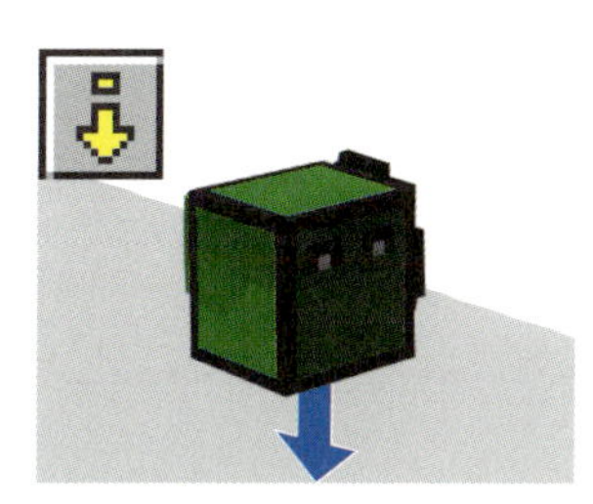

❼下に進む

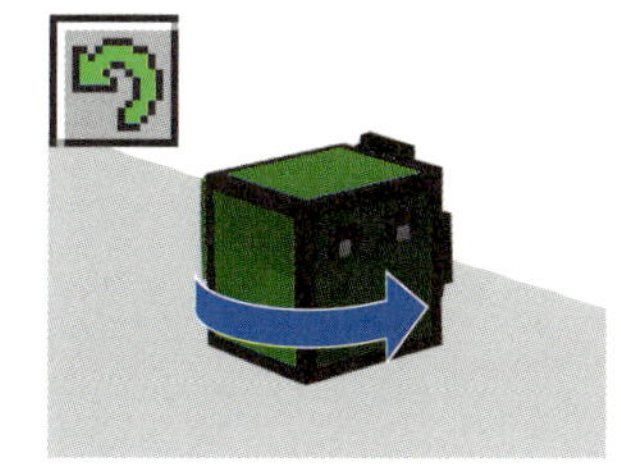

❹左を向く

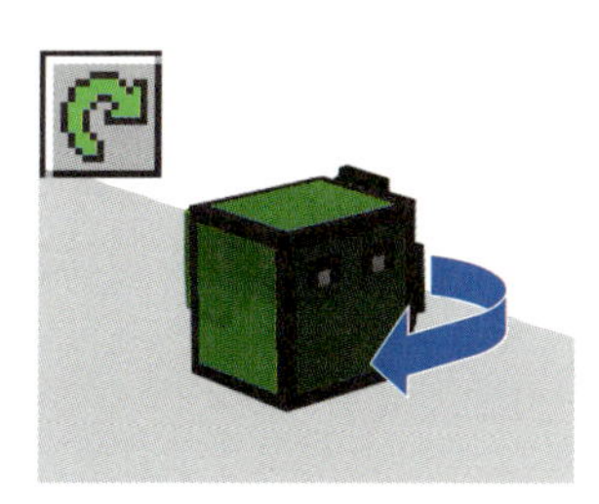

❻右を向く

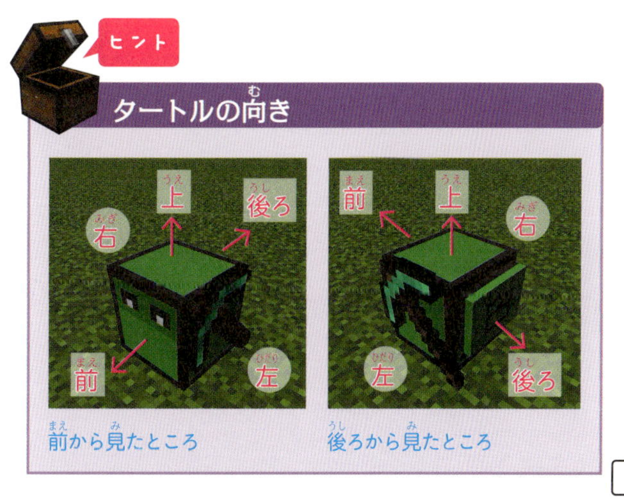

前から見たところ　後ろから見たところ

3 コードでプログラミングしてみよう！ はじめてみようコードプログラミング

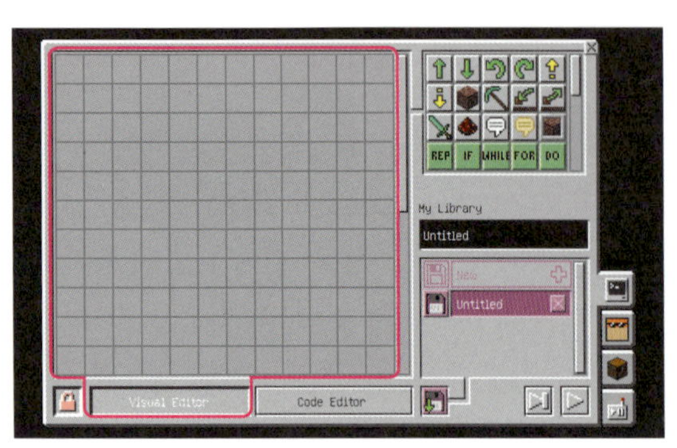

パネルプログラミング

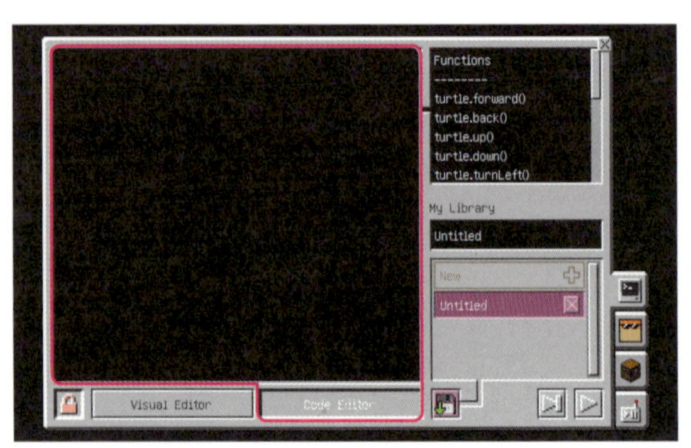

コードプログラミング

ビジュアルエディターからコードエディターへの切り替え！

タートルはパネルでプログラミングする方法とコードでプログラミングする方法の2種類があるよ。この本ではコードでプログラミングするよ！　まず、プログラミングのタブを呼び出そう！

❶アイテムスロットでタートルを選んで右クリックするとタートルが出現！　リモコンの「プログラム」ボタンをクリックしよう！

❷プログラムの画面が出てくるよ！　下にある「Code Editor」ボタンをクリックしよう！

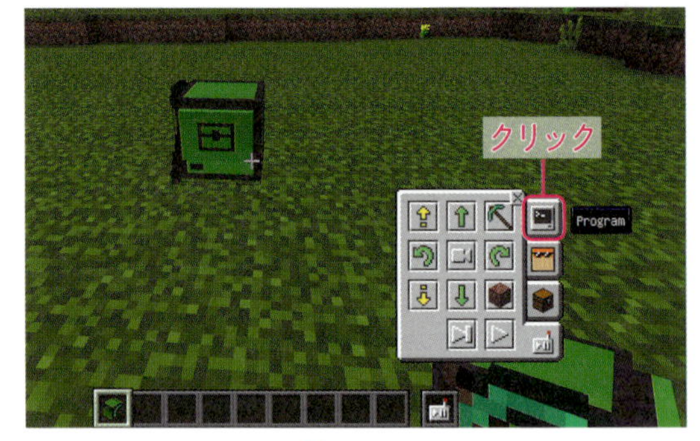

❶タートルのリモコンが出てくる！

❷「Code Editor」ボタンをクリック

注意

パネルプログラミング

パネルでつくったプログラムをコードに変換することは可能だけど、一度コードにして少しでも変更してしまうと、パネルに戻すことはできなくなるので注意してね。

コードでプログラミング

コードっていうのは文字っていう意味。アルファベットを入力しながらプログラミングしていくよ！　最初は難しそうに見えるかもしれないけど、おぼえれば本当はカンタンなんだ。

プログラムは1行ごとに上から下に実行されていくよ。上から下に順番にということをおぼえておこう。

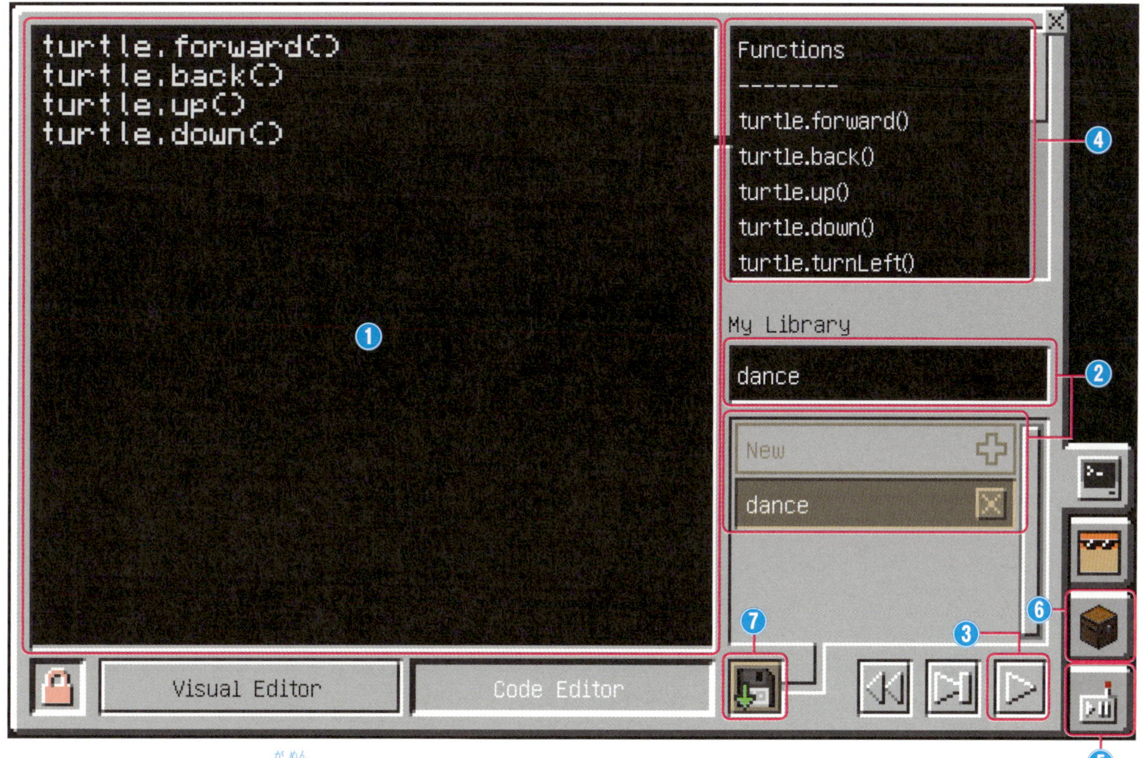

これがコードプログラミングの画面だよ

❶ここにプログラムのコードをキーボードで入力していくよ！

❷ここでプログラムに名前をつけられるよ！
（新しいプログラムをつくるときは下の「New」ボタンをクリック）

❸プログラムをうごかすときは「実行」ボタンをクリックするよ！

❹基本的なプログラムがここに表示されているよ。

❺リモコン画面に戻るには「リモート」ボタンをクリック。

❻タートルのもちものは「インベントリ」ボタンをクリックすると見られるよ。

❼「保存」ボタンをクリックすると、プログラムをアイテムとして保存できるよ。マルチプレイでほかの人にプログラムを渡したり、重要なプログラムを保存したりするときに使えるよ。

まねしてやってみよう！

まずはひとつだけプログラムをうごかしてみよう。意味がわからなくてもだいじょうぶ。書いてあるとおりに入力してみればいいだけだよ。

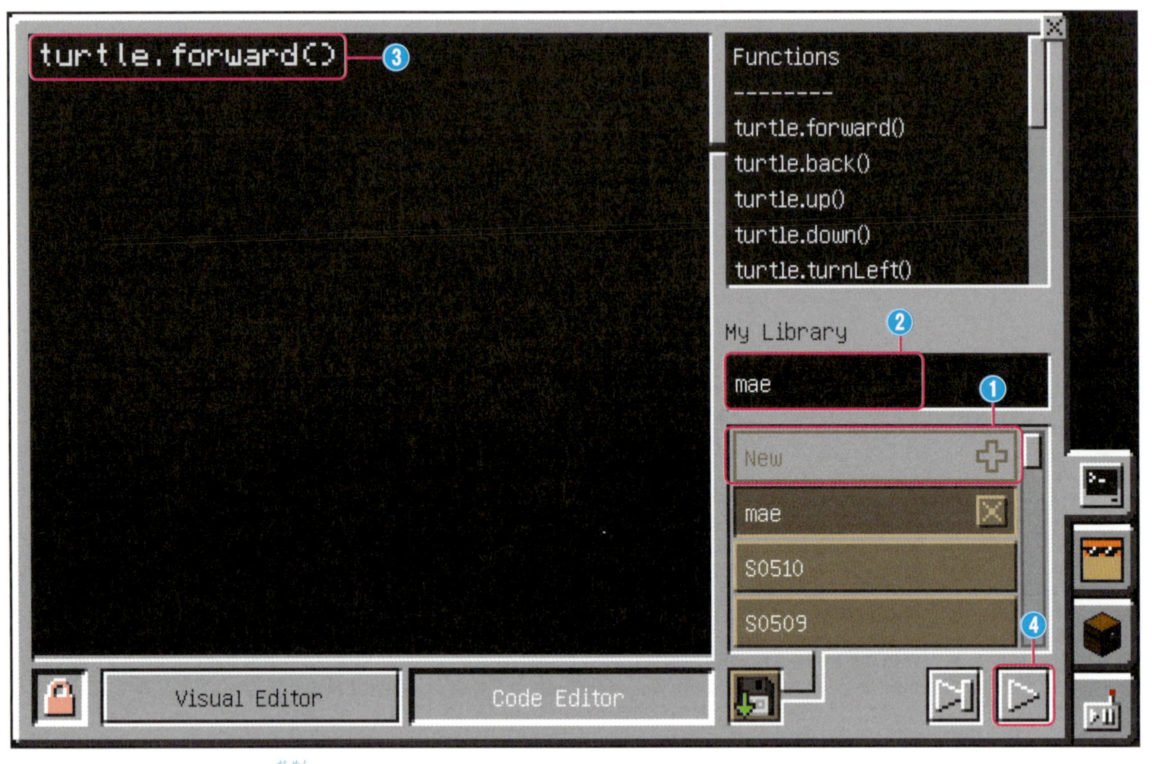

これがコードプログラミングの画面だよ

❶「New」ボタンをクリックして、新しいプログラムをつくろう！
❷プログラムに名前をつけてみよう。
❸キーボードで「turtle.forward()」と入力してみよう。キーボードの使い方はP.26を見てね！
❹プログラムを実行するときはこの「実行」ボタンをクリックするよ！
❺タートルが命令どおりにうごくよ！

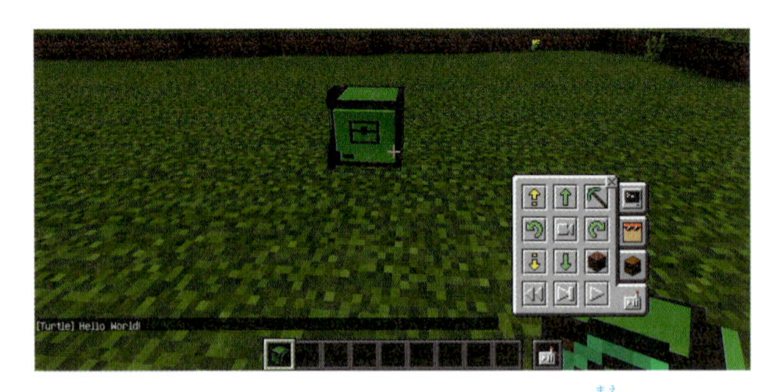

タートルが前にうごいた！

勝手に文字が入力されてしまう？

文字を入力していくときに、先に文字があらわれてびっくりしたかな？　これは入力を手助けしてくれる便利な機能なんだよ。

ためしに「turtle.forward()」と入力してみよう。

キーボードを押す回数が少なくなって便利だワン！

❶まずキーボードのTキーを押すと、table.と表示される。これはTキーを押したので、コンピューターがもしかしてtableと入力したいんですか？と候補を出してくれているんだ。

❷でも、入力したいのはturtle.forwardだから、灰色の部分は無視してTキーの次の文字Uキーを押そう。そうするとturtle.という文字が出てきたね。

❸入力したい文字が出てきたので、Tabキーか、→キーを押そう。turtle.が入力されるよ。

❹入力したいのはforwardだから、Fキーを押そう！　そうするとforward(と続きが出てくるのでTabキーか、→キーを押して確定させよう。最後に)を入力すればおわりだよ！

❶灰色になっている部分はまだ入力されていないよ

❷途中まで入力していくと入れたい文字が出てくる

❸Tabキーか→キーで入力を確定させよう。また、続きの候補が表示されるよ

❹続きを入力していこう！　Fキーを押すとforwardが表示されたね

Tabキーを押して確定させて、最後の)を入力

メモ

入力補完をキーボードでするには

入力文字の確定はTab、→キーでできるよ。
ほかの候補を表示は↑、↓キーでできるよ。

タートルをプログラムでうごかそう！
やってみよう① タートルをうごかす

タートルを出して適当にうごかしてみよう！

いよいよプログラムでうごくタートルの登場だ！　タートルを出してプログラムでいろいろうごかしてみよう！　違う方向に進むには、向きを変えてから進んでいくよ。

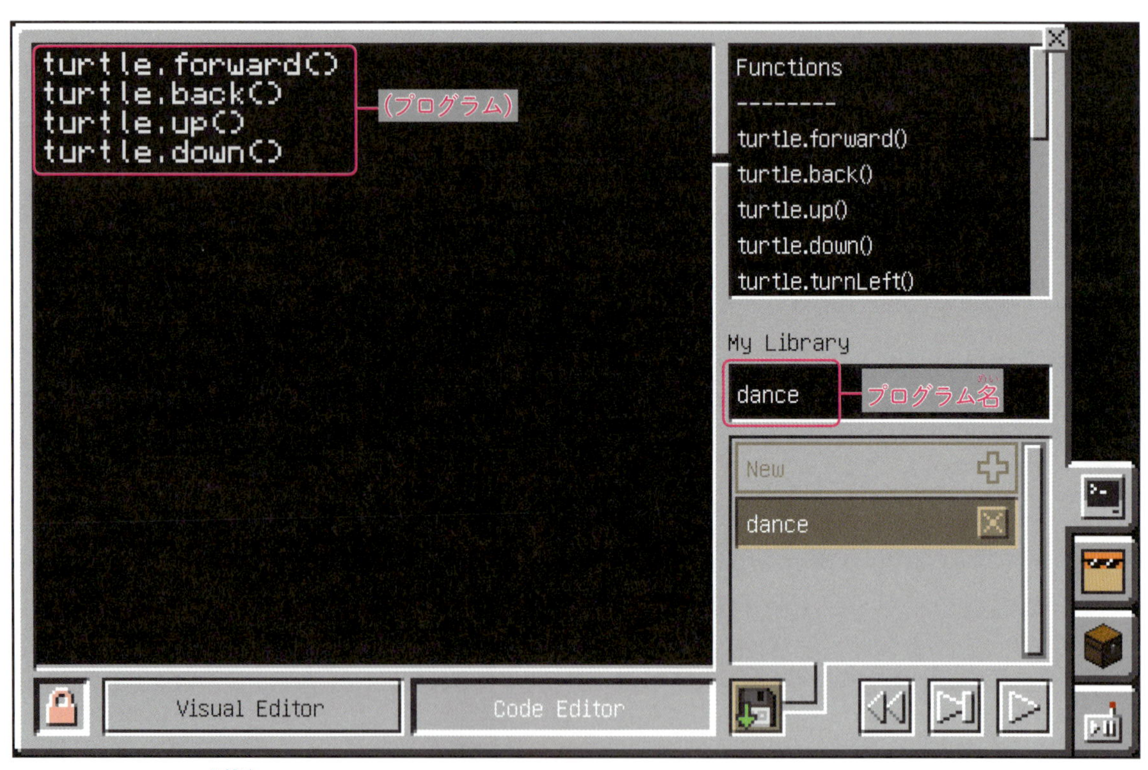

プログラムをいろいろ入力して
タートルをうごかしてみよう

エラー

プログラムをまちがえると

プログラムがまちがったまま「再生」ボタンをクリックするとエラー（まちがい）の表示が出るよ。赤い「停止」ボタンをクリックしてからプログラムをなおそう。

タートルをうごかすプログラム

プログラムでタートルをうごかしてみよう。違う方向に進むには、向きを変えてから進んでいけばOK ！

`turtle.up()`

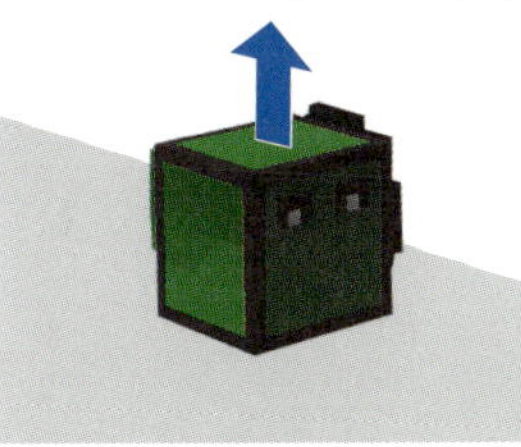

上に進む

`turtle.down()`

下に進む

`turtle.forward()`

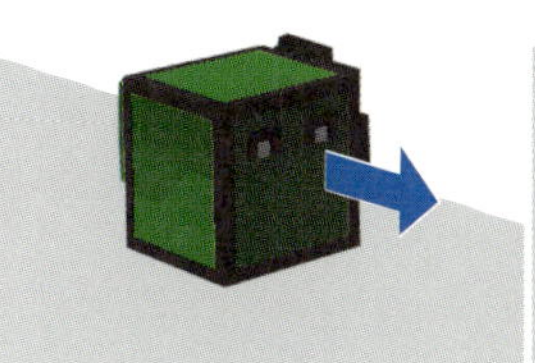

前に進む

`turtle.back()`

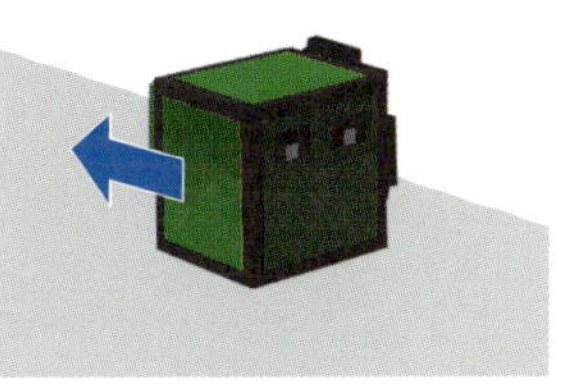

後ろに進む

英語

「上へ」「下へ」「前へ」「後ろへ」

"up"（アップ）は「上へ」"down"（ダウン）は「下へ」"forward"（フォワード）は「前へ」、"back"（バック）は「後ろへ」という意味だよ。ComputerCraftEduでは、タートルを移動させたいときに使うよ。よく出てくる言葉だからおぼえておこう！　バックとフォワードは、サッカーのポジションなどにも使われている言葉だね。

`turtle.turnLeft()`

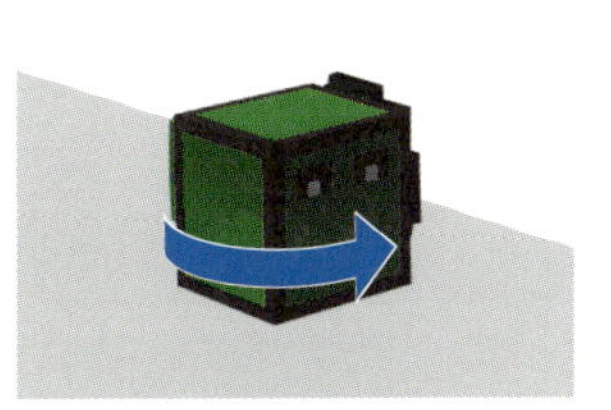

左を向く

`turtle.turnRight()`

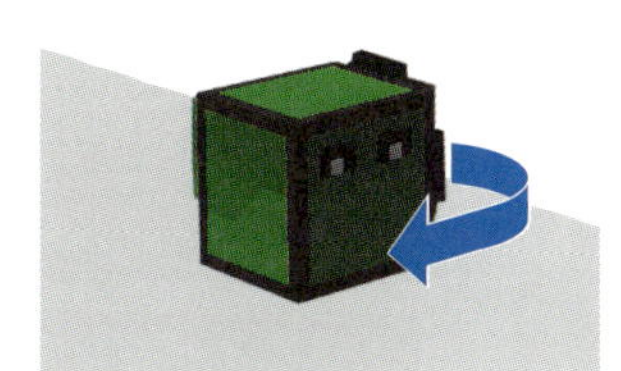

右を向く

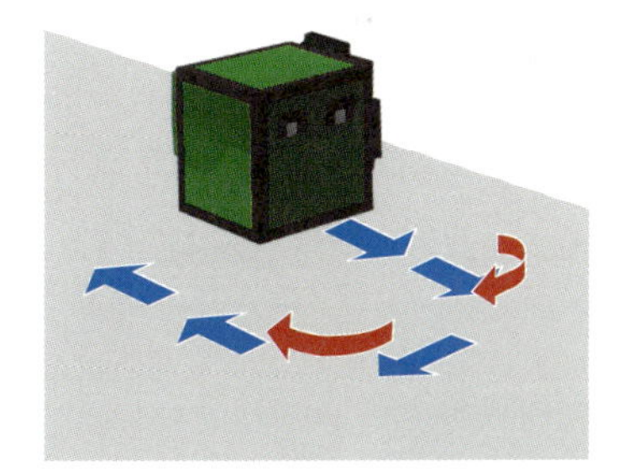

こんなふうにうごかせるかな？

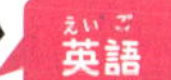

英語

"turnLeft"（ターン　レフト）、"turnRight"（ターン　ライト）

"turn"（ターン）は英語で「向きを変える」っていうことだよ。"left"（レフト）は「左」、"right"（ライト）は「右」っていう意味なんだ。ComputerCraftEduでは、タートルを左や右へ向かせたいときに使うよ。ゲームのコントローラーに「L」ボタン、「R」ボタンってあるよね！　それと似ているよ。

5 タートルにほらせてみよう
やってみよう② ブロックをほる

目の前にあるブロックを……

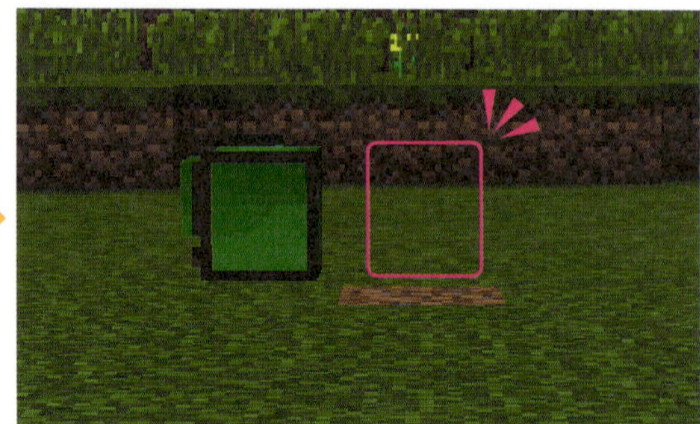

ほってみよう

 3つの「ほる」プログラム

ほるプログラム（命令）は3種類あるよ。目の前をほる、下をほる、上をほる、の3種類だ、つくるもののかたちにあわせて使いわけると便利だよ！

```
turtle.dig()
```

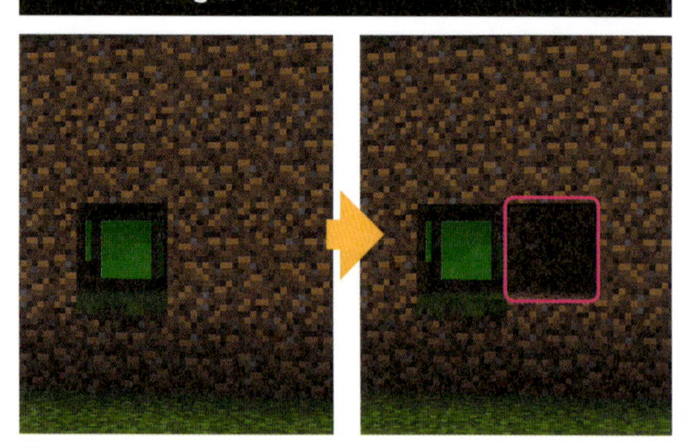

前をほる

```
turtle.digUp()
```

上をほる。プログラムではUが大文字なので注意してね

```
turtle.digDown()
```

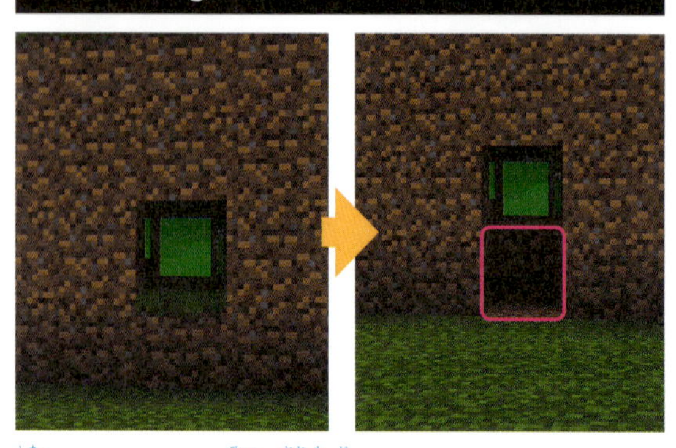

下をほる。ここでもＤは大文字だ！

「ほる」プログラムをうごかしてみよう

「ほる」プログラムをうごかしてみよう。いままでにやったことと同じ手順でプログラミングできるよ。

❶タートルを右クリックするとリモコンが出現！ リモコンの「プログラム」ボタンをクリックしよう！

❷プログラムの画面が出てくるよ！ 下にあるコードを入力して「実行」ボタンをクリックしよう！

こわしたいブロックの前にタートルをおくよ

```
turtle.dig()
```

プログラムを入力して「実行」ボタンをクリックしよう

目の前にあるブロックがほられたよ

“dig”（ディグ）

dig（ディグ）は「ほる」、という意味だよ！ 地面とか穴をほるときに使うんだ。

6 タートルにおかせてみよう やってみよう③ ブロックをおく

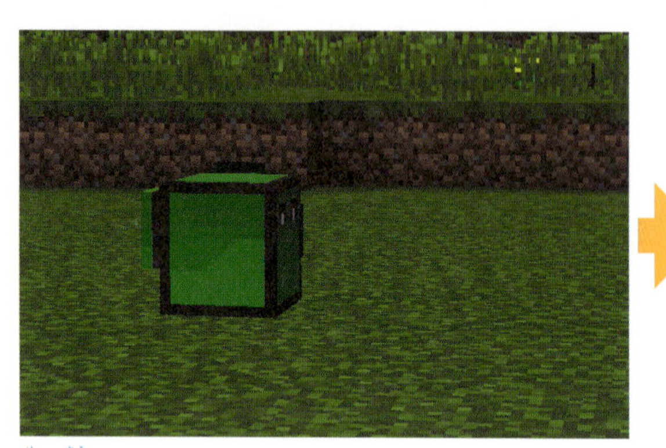
目の前に……

もっているブロックをおく

 3つの「おく」プログラム

おくプログラム（命令）は3種類あるよ。前に（ブロックを）おく、下におく、上におく、の3種類だよ！　ただし、おくプログラムをうごかす前には、タートルにブロックをもたせておかないといけないから注意してね。

```
turtle.place()
```

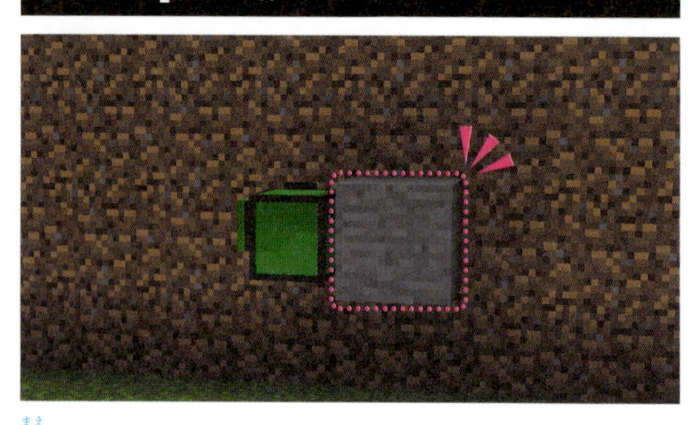
前におく

```
turtle.placeUp()
```

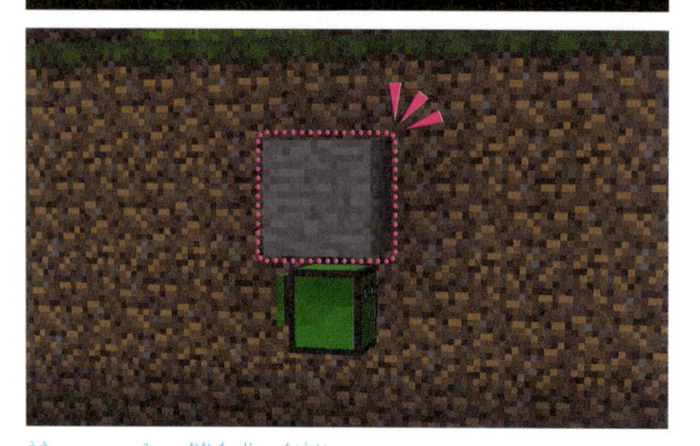
上におく。Uが大文字、注意！

```
turtle.placeDown()
```

下におく。Dが大文字、注意！

タートルにブロックをもたせる

プログラムをする前に、タートルに石ブロックをもたせるよ。

❶Eキーを押してインベントリを開こう！　石を3つゲットしよう。でも、ただ自分がもっているだけではだめだよ。タートルにもたせよう。
❷タートルを右クリックしてリモコンを呼び出して、タートルのインベントリを開こう！
❸タートルのインベントリに石をもたせよう。

❷石を3つゲット

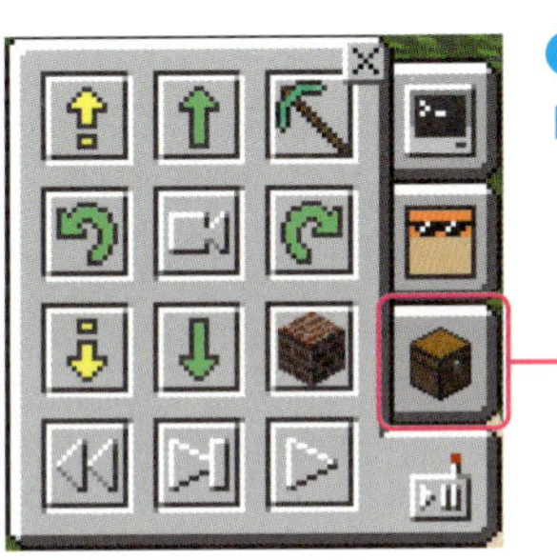

❸タートルの「インベントリ」ボタンをクリック

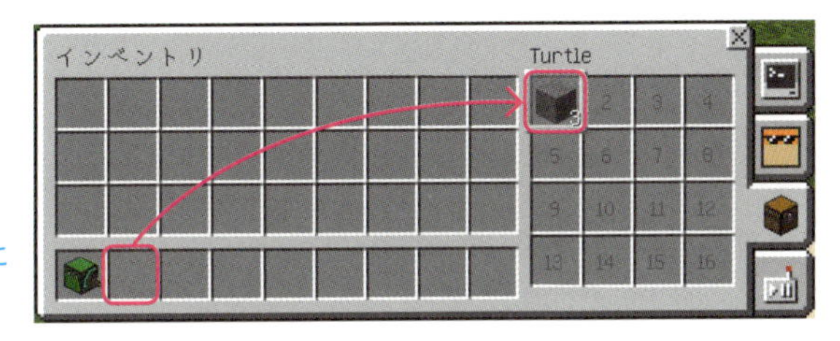

石を右上のスロットに移動させよう

プログラムを実行！

前におくプログラムを入力してうごかしてみよう。

```
turtle.place()
```

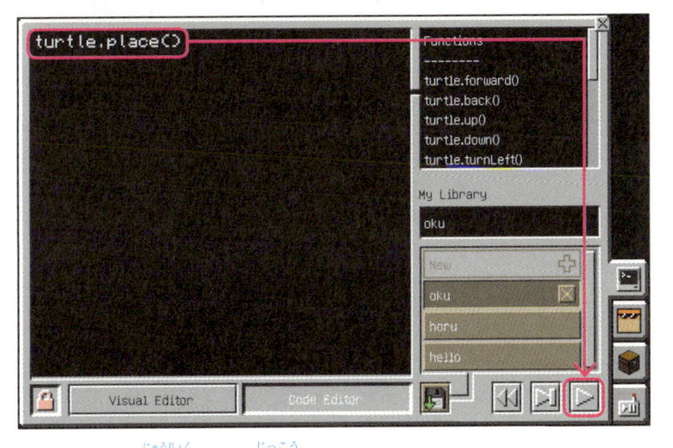

プログラムを入力して「実行」ボタンをクリック

"place"（プレイス）

place（プレイス）は場所とか空間っていう意味だよ。でも、「place（プレイス）する」っていうときは「おく」という意味になるんだ。ComputerCraftEduもおくコマンドはplace（プレイス）だよ。

ブロックがタートルの前におかれた！

7 タートルでブロックを積む
やってみよう④ タワーをつくる

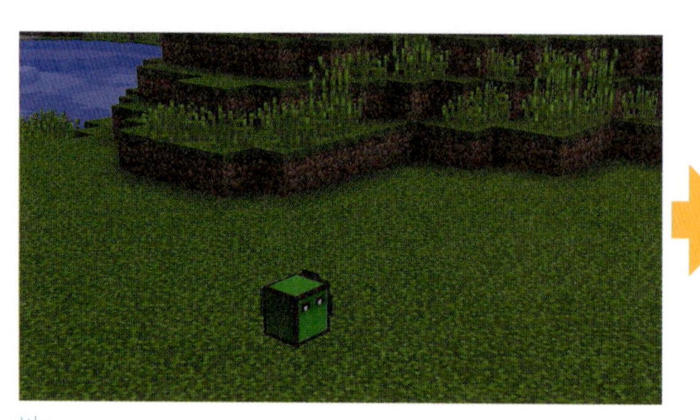

石を3つもって……

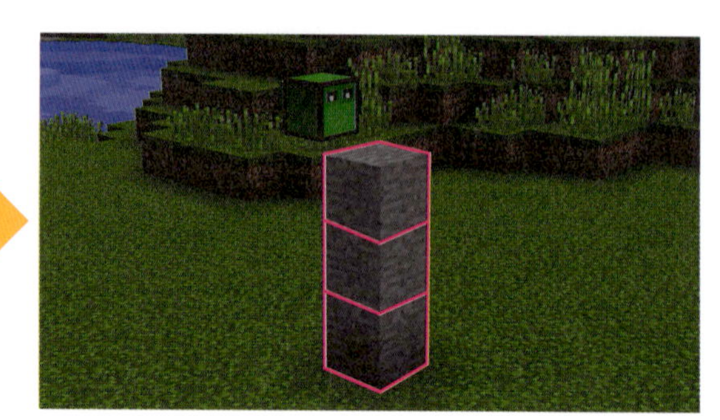

積み上げてみよう

 石のタワーのつくりかた

石ブロックのタワーをつくるための手順を考えてみよう！

❶タートルに石を3つもたせる。
❷前にブロックをおく。
❸上に進む。
❷～❸をあと2回くりかえす。

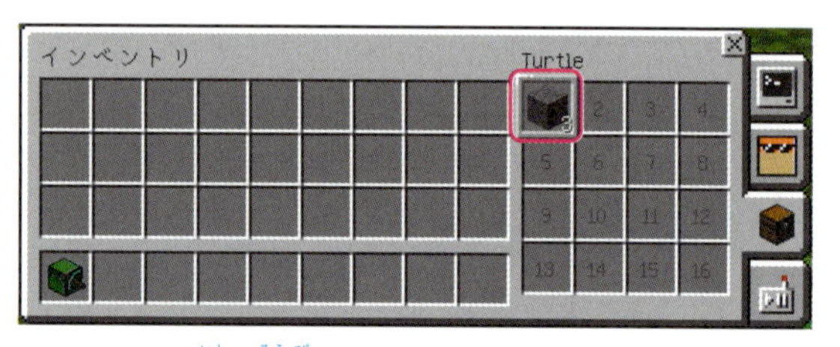

❶タートルに石を装備

❷前にブロックをおく

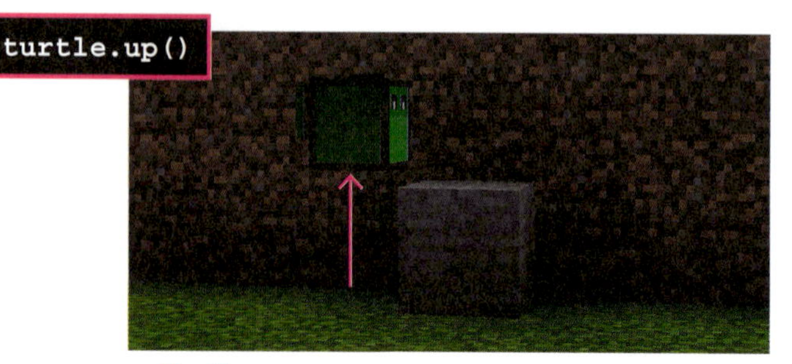

❸上に進む

石のタワーをつくるプログラム

```
turtle.place()  ①
turtle.up()     ②
turtle.place()  ③
turtle.up()     ④
turtle.place()  ⑤
turtle.up()     ⑥
```

タートルに石をもたせたら、上のプログラムをうごかしてみよう！　おもったとおりにうごくかな？

タワーをつくりたい場所にタートルを移動させたところからスタート！

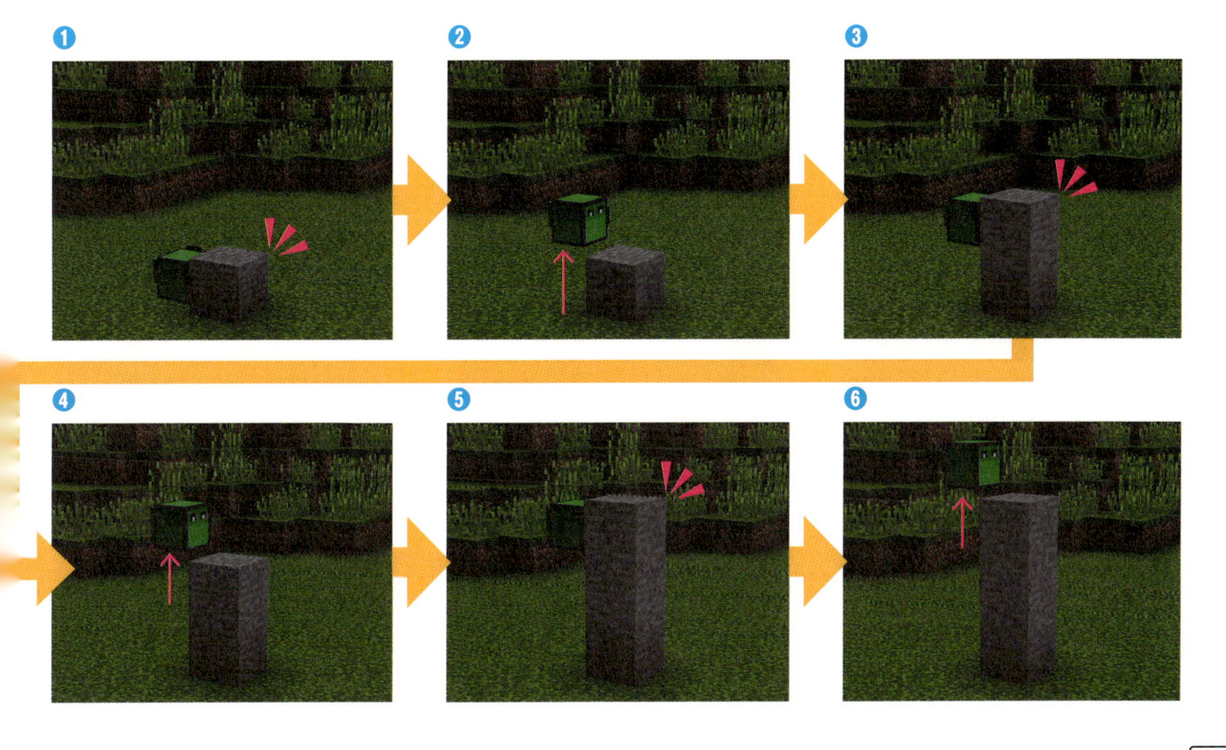

8 タートルをうごかしながらブロックをほる やってみよう⑤ タワーをこわす

つくったタワーを……

こわしてみよう！

石のタワーのこわしかた

石ブロックのタワーをこわすための手順を考えてみよう！

❶タワーの高さよりも1マス高い場所にタートルをおこう。
❷下に進む。
❸前をほる。
❷〜❸をあと2回くりかえす。

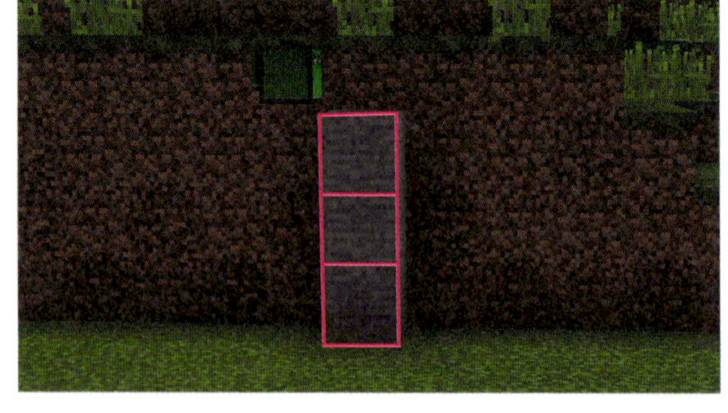

❶ここからスタート

```
turtle.down()
```

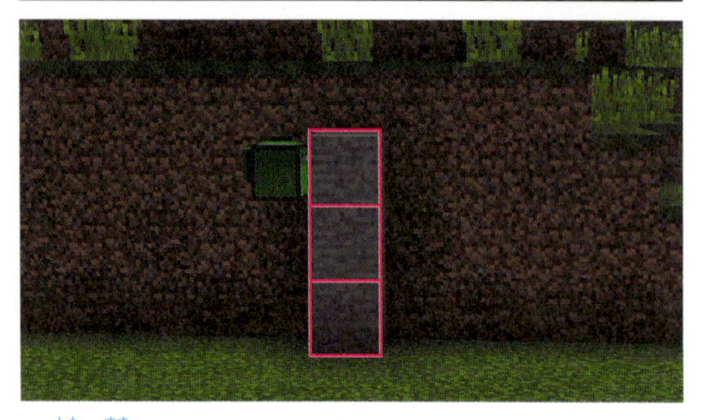

❷下に進む

```
turtle.dig()
```

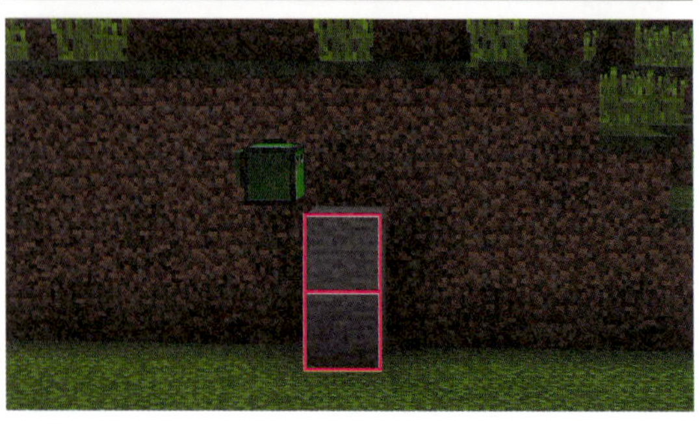

❸前をほる

石のタワーをこわすプログラム

```
turtle.down()   ①
turtle.dig()    ②
turtle.down()   ③
turtle.dig()    ④
turtle.down()   ⑤
turtle.dig()    ⑥
```

上のプログラムを入力して、タートルを使ってタワーをこわしてみよう！　おもったとおりにうごくかな？

この場所からスタートだね！

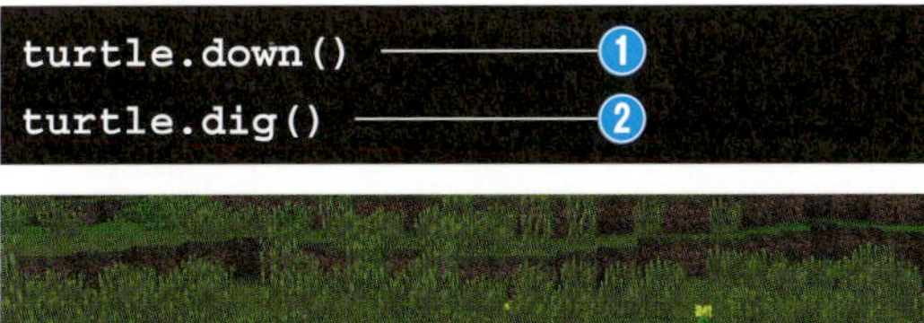

```
turtle.down()   ①
turtle.dig()    ②
```

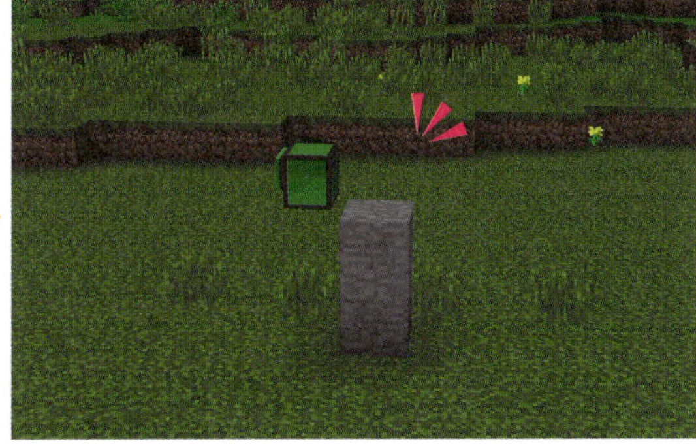

3段目がこわれたよ

```
turtle.down()   ③
turtle.dig()    ④
```

2段目がこわれたよ

```
turtle.down()   ⑤
turtle.dig()    ⑥
```

1段目がこわれた！

9 ブロックをほる、おく やってみよう⑥ 地下はしごをつくる

何もないところから……

地下におりるためのはしごつきトンネルをつくろう！

はしごをもたせよう！

地下に安全におりることができる、はしごつきの穴をタートルにつくらせてみよう。とりあえず3ブロック下まで穴をほるプログラムをつくってみよう。このはしごをつくるために、まずはタートルにはしごをもたせよう。はしごは装飾ブロックの中にあるよ。

❶Eキーを押してインベントリを開く。
❷はしごを3つもつ。
❸タートルを右クリックしてタートルのインベントリを開き、タートルにはしごをもたせる。

❶Eキーを押してインベントリを開く

❷装飾ブロックの中のはしごを3つ以上もってこよう

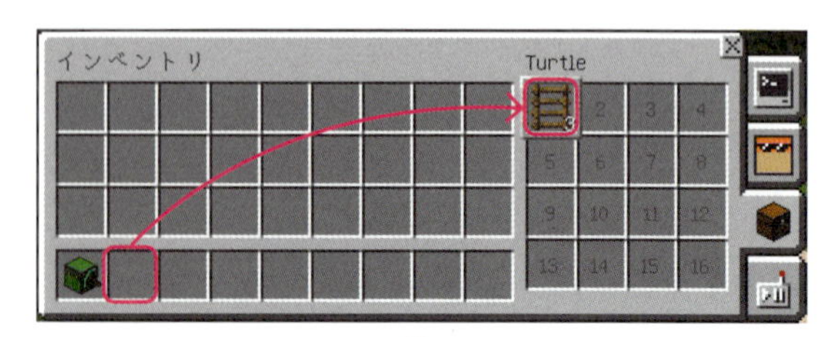

❸タートルのインベントリを開いて、タートルにはしごをもたせよう

地下はしごのつくりかた

3段の地下はしごをつくるための手順を考えてみよう！
はしごをおくスペースを考えると２マスの穴が必要だね。

❶はしごをもったタートルを地面におこう。

❶ここからスタート！

```
turtle.digDown()
```

❷まず、タートルの下をほるよ。下をほるにはturtle.digDown()を使おう。Dは大文字だよ。注意してね！

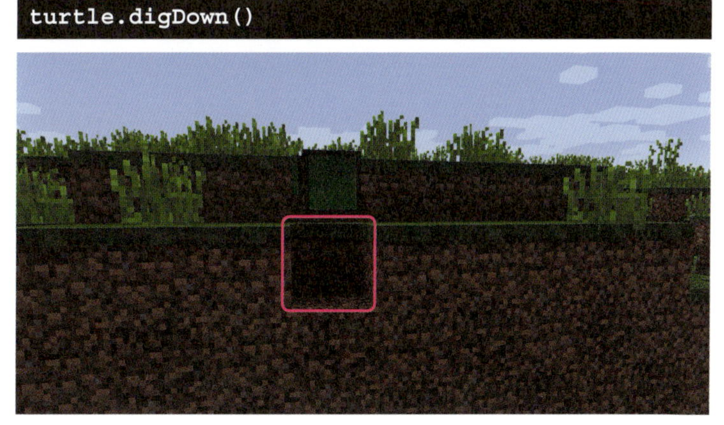

❷下をほる

```
turtle.down()
```

❸下に進んでほった穴に入ろう。このまま前にはしごをかけようとしても、うまくいかないよ。

❸穴の中に入る

④前をほってはしごをおく場所を確保しよう。

```
turtle.dig()
```

④前をほる

⑤「前におく」ではしごを設置しよう。

```
turtle.place()
```

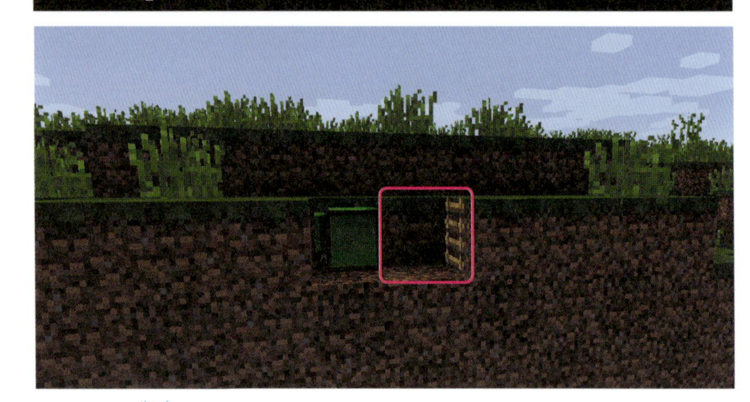

⑤はしごを設置

1段の地下はしごをつくるプログラム

```
turtle.digDown()
turtle.down()
turtle.dig()
turtle.place()
```

このうごきをつなげるとこういうプログラムになるよ。3段の地下はしごをつくるためには、このプログラムが3回うごけばいいんだ。

なん段ぶんはしごをつくりたいかでタートルにもたせるはしごの数もわかるね。

3段の地下はしごをつくるプログラム

```
turtle.digDown()
turtle.down()
turtle.dig()
turtle.place()

turtle.digDown()
turtle.down()
turtle.dig()
turtle.place()

turtle.digDown()
turtle.down()
turtle.dig()
turtle.place()
```

地面にタートルをおいて、地下はしごをつくってみよう。プログラムが長くなるけど、がんばって入力してみてね。

もっと深いはしごをつくってみたいけど、プログラムが長くなって大変そう……

同じことをくりかえす場合にもっとカンタンなやりかたがあるんだワン！　次の章でやりかたを教えるワン！

地面にタートルをおいて

プログラムをうごかしてみよう

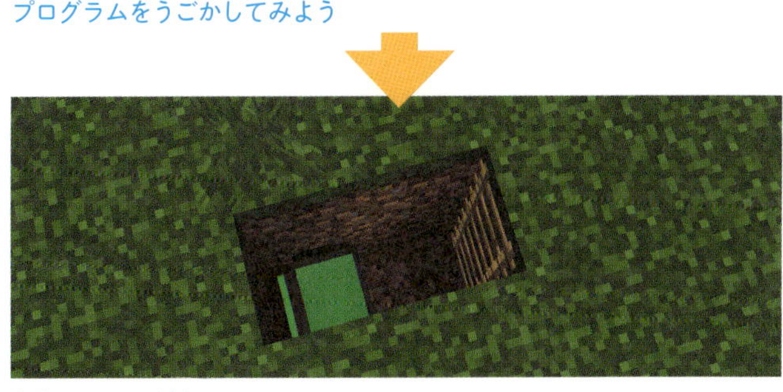

地下はしごの完成だ！

ダウンロードクエストに挑戦

QUEST 砂漠のステージ

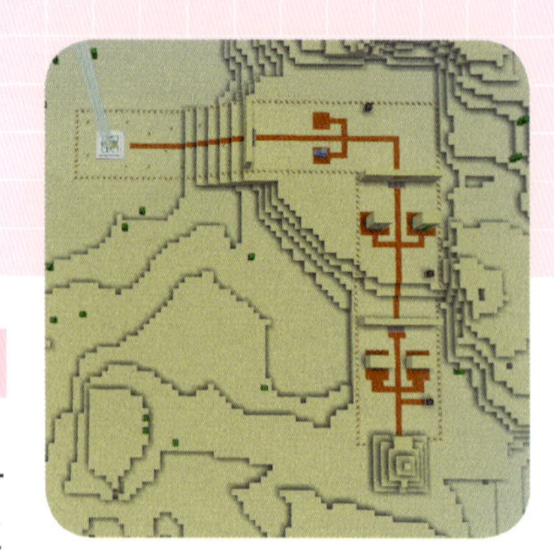

砂漠のステージにチャレンジ！（こたえはP.152）

ダウンロードクエストにチャレンジしよう！　ダウンロードして遊ぶ方法はP.22を見てね！　第2章で学習したことを思い出しながら、ゴールをめざそう！

1 「砂漠のステージ」は砂のドア（SABAKU）から出発するよ！

2 ドアの先にある穴に飛び込もう！

3 クエストに挑戦しよう！

4 各クエストをクリアできたらスイッチをふみ、ドアを開けて、次に進もう！

5 ゴールの穴に飛び込めばクリアだ！

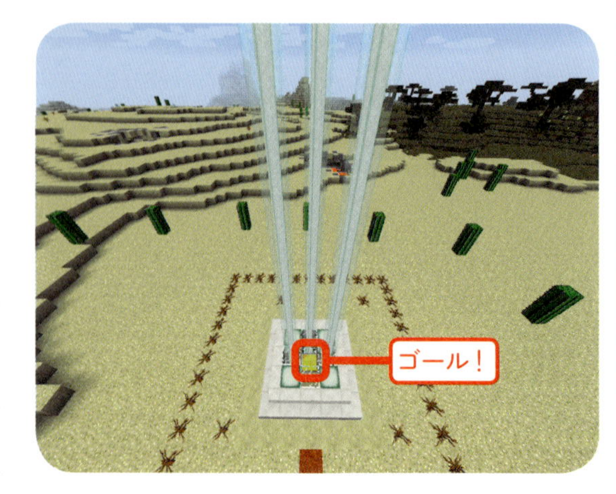

クエスト1

見本どおりにタートルをうごかそう

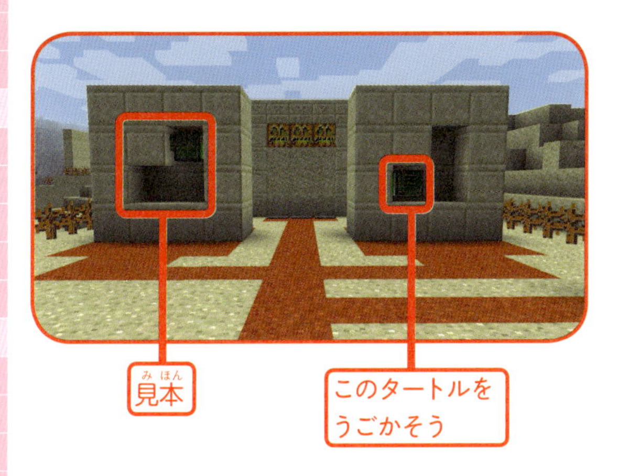

まず、タートルを右に向かせよう。次に、前に進んで、上に進むと成功しそうだね……。

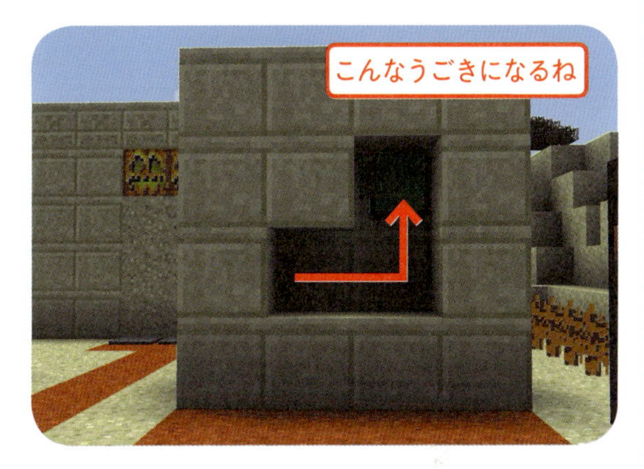

クエスト2

ほりながらタートルをうごかせるかな？

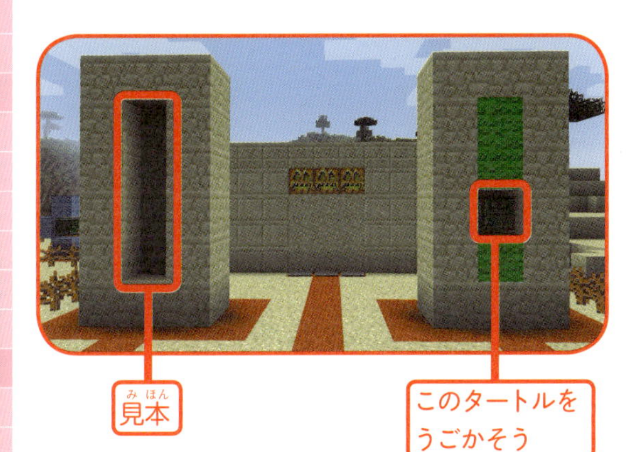

最初に、タートルの上と下にあるブロックをほろう。
上に上がってもう1回ほると……。

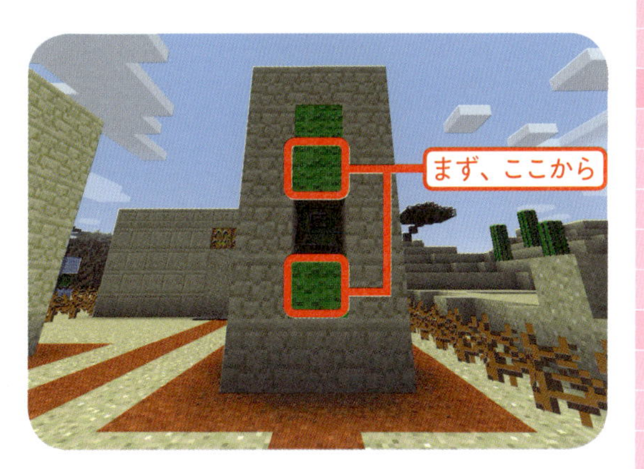

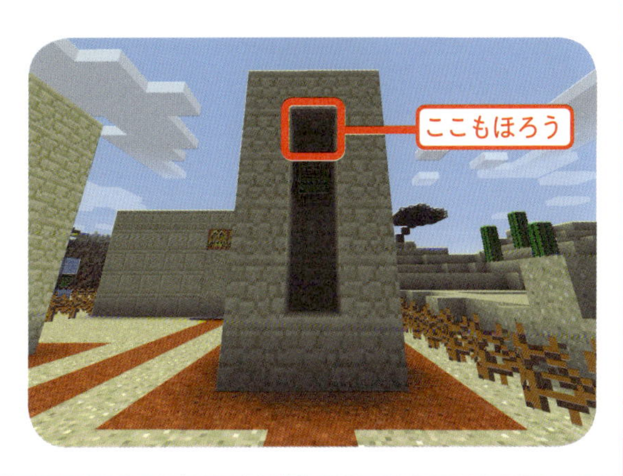

クエスト3

ブロックを見本のようなかたちに積める？

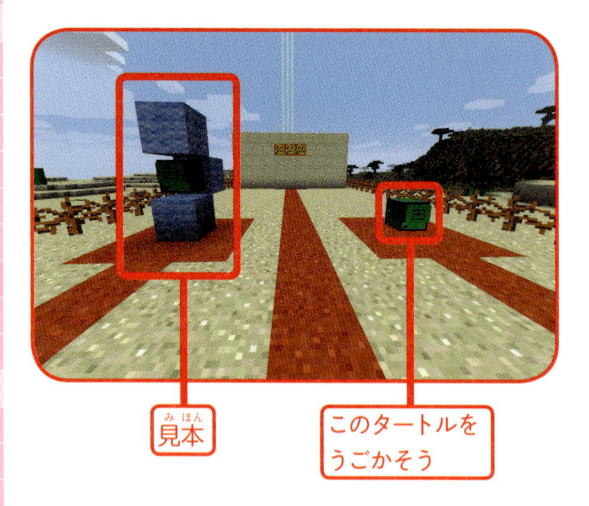

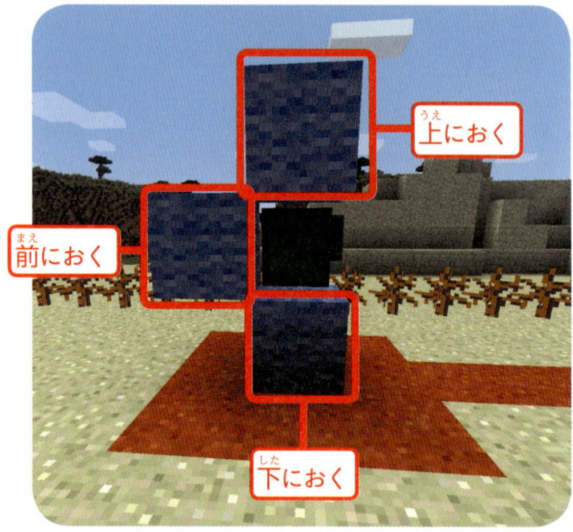

タートルの下にブロックをおきたいから、まず上に上がろう。上下にブロックをおいて正面にもおけば完成だ。クエスト3をクリアすると最終ステージに挑戦するためのパスワードの1つが入り口のドアの上にあらわれるよ。

困ったら

「リセット」ボタンをクリック

間違えたときにはかべの横についている「リセット」ボタンを右クリックしよう！　元の状態にもどるよ。タートルの「巻きもどし」ボタンはタートルを1つ前の状態にもどせる。タートルが違うところをほってしまったら使おう！

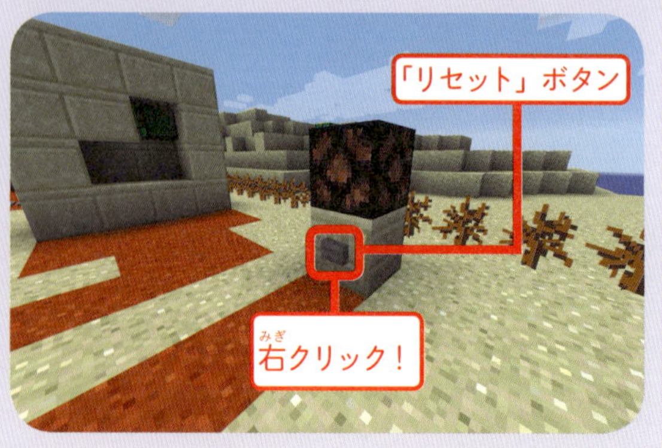

ぐるぐるまわるとプログラムもまわる！

同じ作業を毎回くりかえすのはたいへんだよね？
プログラムを使うと「くりかえし」の作業を命令できるんだ。サンプルで体験してみよう！

おうちの方へ

「繰り返し」を利用したプログラミングについて学習します。同じ動作をどうプログラムで実現するのか、その仕組みを知ることでプログラミングの世界へ一歩踏み出せます。

1 まずはまねしてくりかえしてみよう! やってみよう① ブロックを5個おく

ここからスタート!

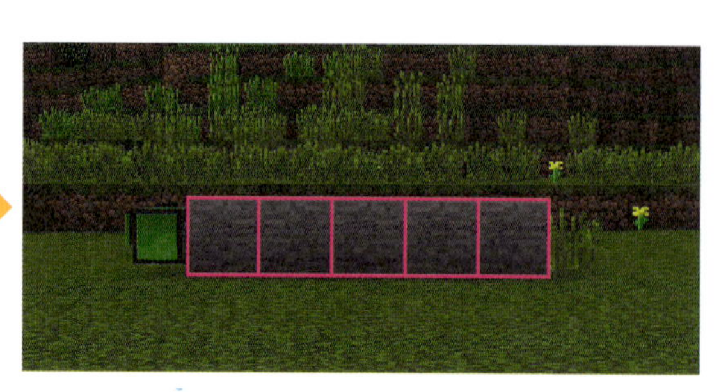

ブロックを5個おいてみよう

おさらい、ブロックを1個おくプログラム

タートルにもたせたブロックを5個おくプログラムを考えてみよう。まず、1個だけおくプログラムはどうすればいいかな?

❶まずはここから! 前もってブロックをもっておこう。
❷自分のいた場所にブロックをおくために、まずturtle.back()で後ろに進もう。
❸turtle.place()でもっているブロックを前におくよ。

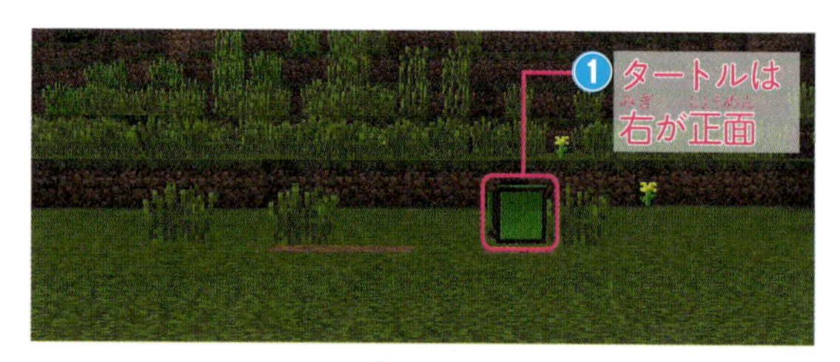

タートルにはブロックを5個もたせるように

```
turtle.back()
```
❷

後ろに進もう

```
turtle.place()
```
❸

前にブロックをおこう

まねして書いてみよう！

まずは右と同じようにプログラムをまねして書いてみよう。記号の入力方法はP.28を見てみてね。

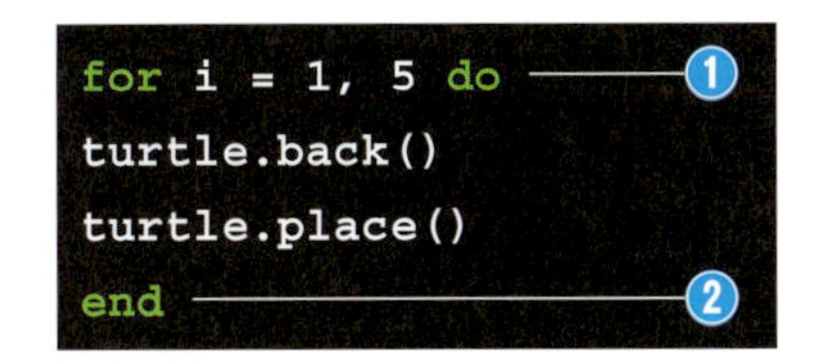

```
for i = 1, 5 do      ❶
turtle.back()
turtle.place()
end                  ❷
```

❶これがfor文だ！　意味はこれから勉強していくよ。
❷for文の終わりに書くよ！

うごかしてみよう！

このプログラムは同じことをなん回もくりかえしているプログラムなんだ。今回はブロックをおくうごきを5回くりかえしているよ。

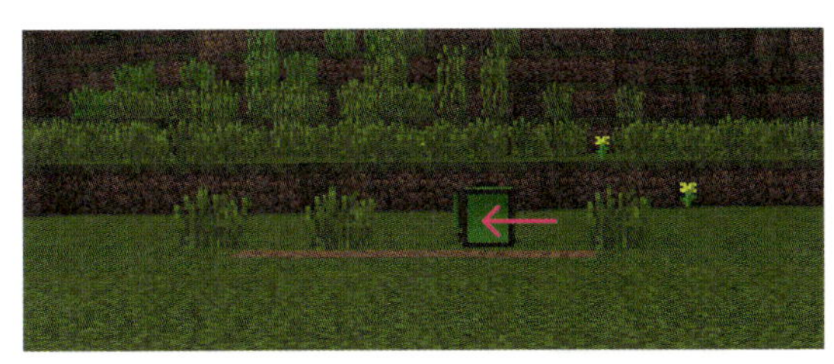

後ろに1マス進む

1個目をおく

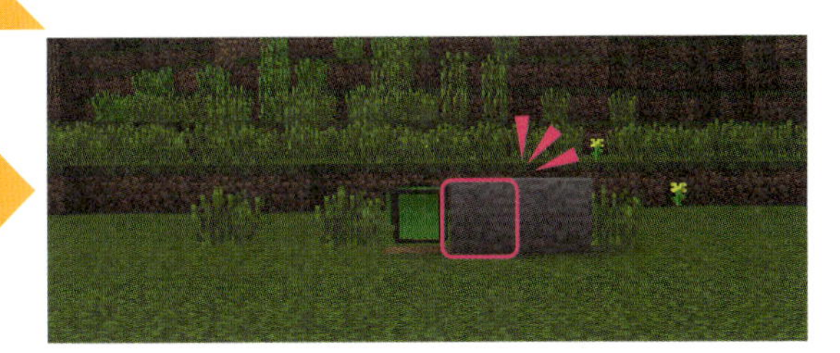

後ろに1マス進んで2個目をおく

後ろに1マス進んで3個目をおく

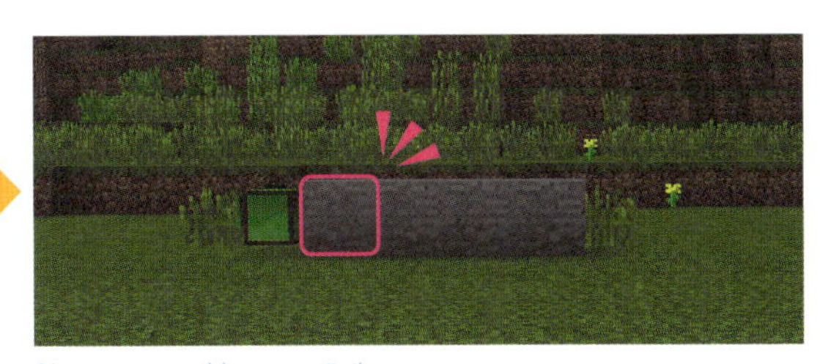

後ろに1マス進んで4個目をおく

後ろに1マス進んで5個目をおく

同じことをなんどもするとさに便利なやりかたなんだ。まずまねして書いてみよう。

2 「何を」「なん回」する？ for文のしくみ

 くりかえしはfor文！

下の2つのプログラムは同じことをしているプログラミングなんだ。くらべてみよう。

```
turtle.back()
turtle.place()

turtle.back()
turtle.place()

turtle.back()
turtle.place()

turtle.back()
turtle.place()

turtle.back()
turtle.place()

turtle.back()
turtle.place()
```

for文を使わないで書いたプログラム

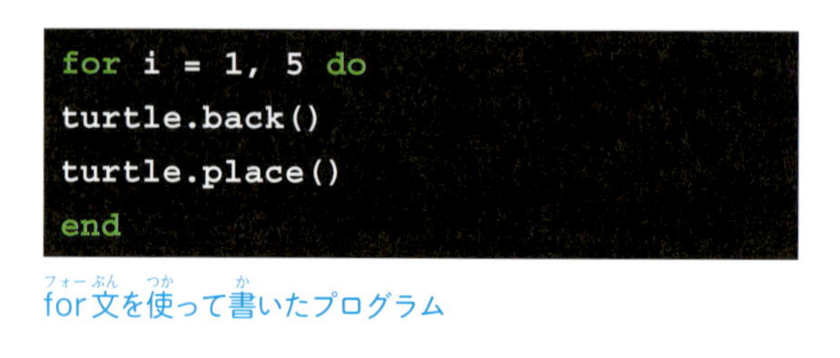

```
for i = 1, 5 do
turtle.back()
turtle.place()
end
```

for文を使って書いたプログラム

右のほうは
とても短くなったね！

くりかえしをするときはこの
for文を使うんだワン！
左と右は同じことをしている
プログラムなんだワン！

for文の使い方！

同じことをなんどもくりかえすにはfor文を使うのが便利なんだ。「してほしいこと」を「なん回」やるかをタートルに教えてあげよう。iは変数といってfor文でよく使われるんだ。データを入れておいて、必要なときに使う箱みたいなものだよ。i = 1, 10は変数に1から10までの数字が入る、つまり10回くりかえすって意味なんだ。そうすれば、タートルがなんども同じことをしてくれるよ。

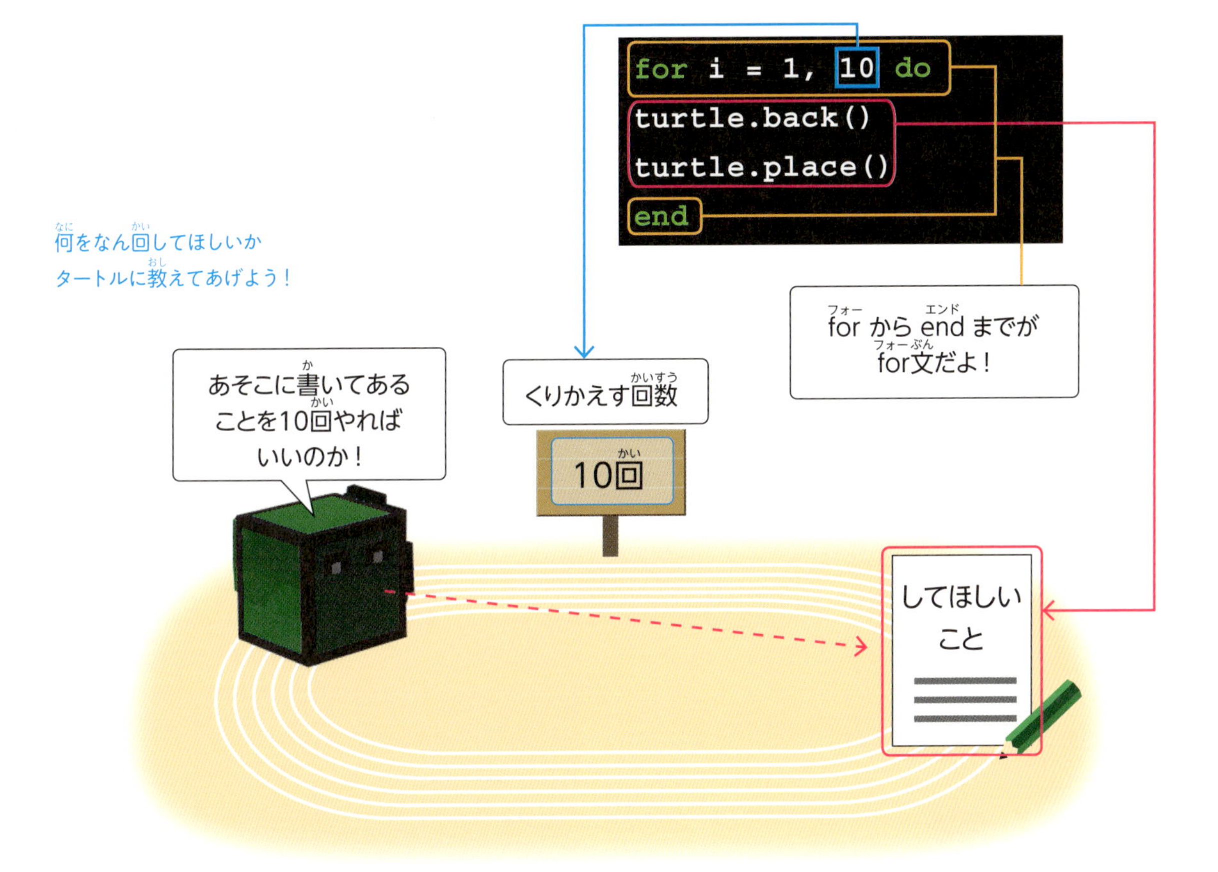

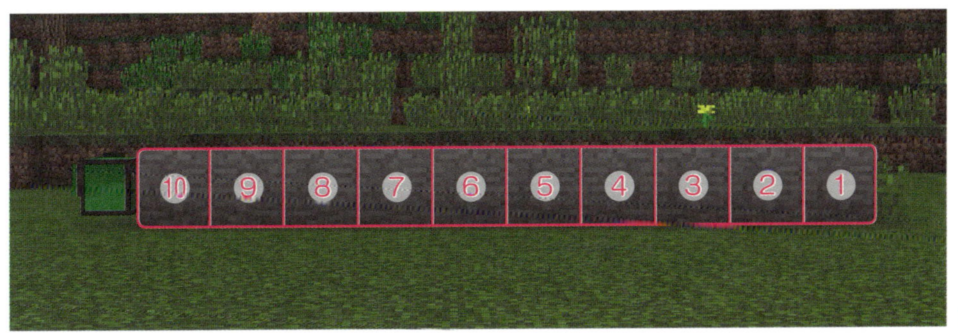

10回おくプログラム

3 くりかえしを使ってみよう やってみよう② 10回ほる

ここからスタート!

10回ほって進もう

 ほって進むプログラム

ブロックがタートルの前にあっても進んでいくプログラムを考えてみよう。前にブロックがあるとタートルが進めないから、「ほる」をしてから「前に進む」をすればいいんだ。

❶前のブロックをほる。
❷前に進む。

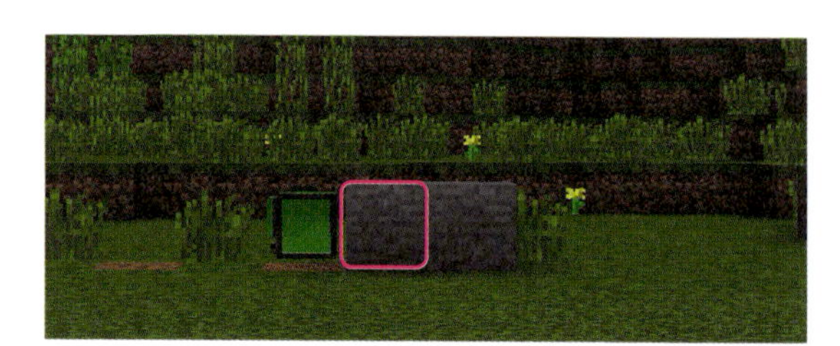

前にブロックがあって進めない!

```
turtle.dig() ——❶
```

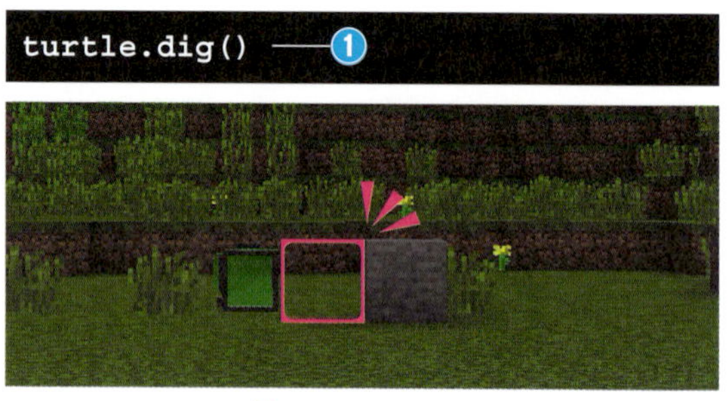

「ほる」プログラムで前のブロックをほる!

```
turtle.forward() ——❷
```

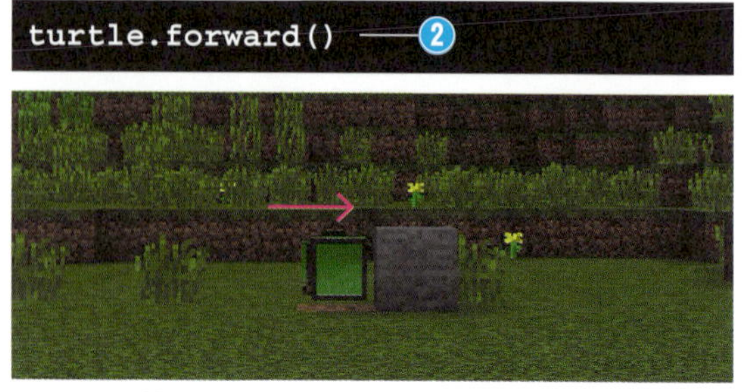

タートルが前に進めた!

10回ほって進むプログラム

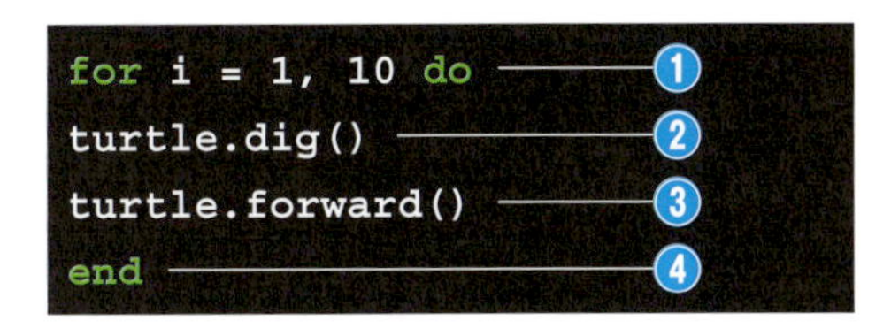

```
for i = 1, 10 do  ―― ①
turtle.dig()      ―― ②
turtle.forward()  ―― ③
end               ―― ④
```

for文を使ってほって進むうごきをくりかえしてみよう！

ここからスタート！

① endまで10回くりかえすという意味だよ。
② 前をほるよ。
③ 前に進むよ。
④ くりかえしはここで終わりという意味だよ。

```
for i = 1, 10 do  ―― ①
turtle.dig()      ―― ②
```

前をほって！

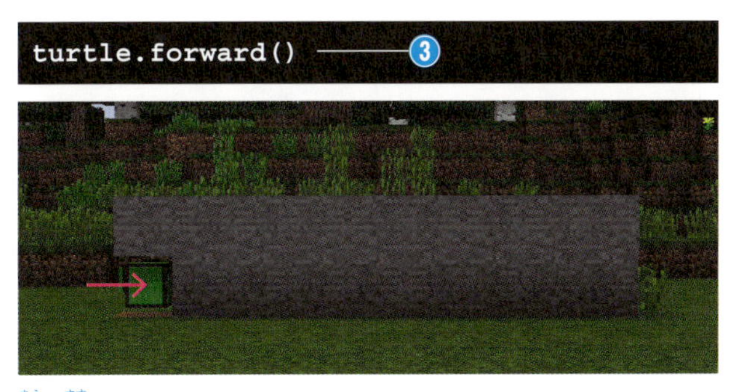

```
turtle.forward()  ―― ③
```

前に進む！

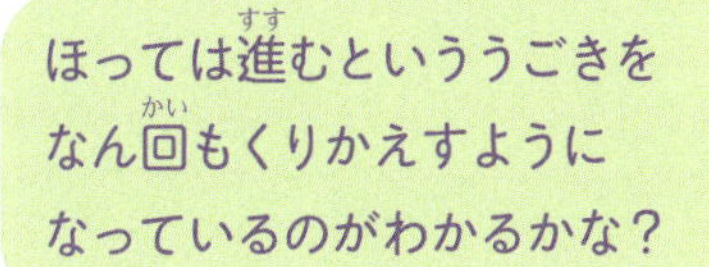

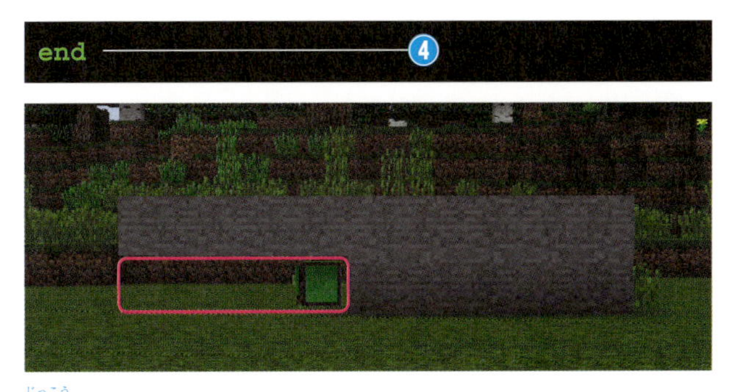

```
end  ―― ④
```

実行するとどんどんほっていくよ！

4 くりかえしを使いこなそう！ やってみよう③ 10回トンネルをほる

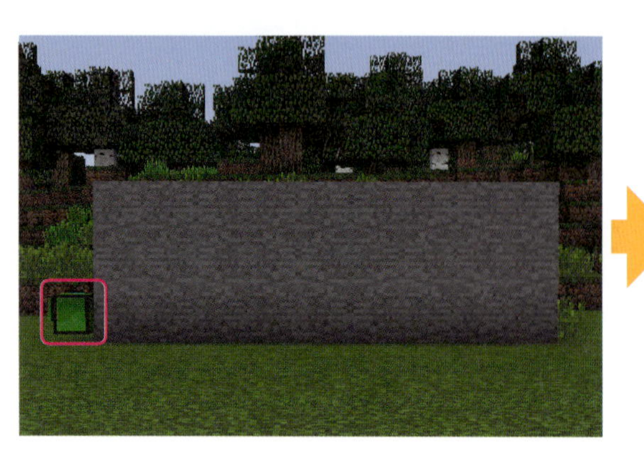

ここからスタート！

プレイヤーがとおれるサイズのトンネルをほろう！

トンネルをほって進むプログラム

```
for i = 1, 10 do     ―― ①
turtle.dig()         ―― ②
turtle.forward()     ―― ③
turtle.digUp()       ―― ④
end                  ―― ⑤
```

トンネルをほるプログラムは10回ほるプログラムとほとんど同じだよ。ほるプログラムの途中に「上をほる」を足せばいいんだ！

①endまで10回くりかえすという意味だよ。

②タートルの前をほるよ。

③前に進むよ。

④「上をほる」。ここだけ「10回ほる」と違うよ！

⑤くりかえしはここで終わりという意味だ。

10回ほるプログラムとくらべてみよう

10回ほるプログラムとの違いをくらべてみよう！
上をほるが追加されているだけだね。

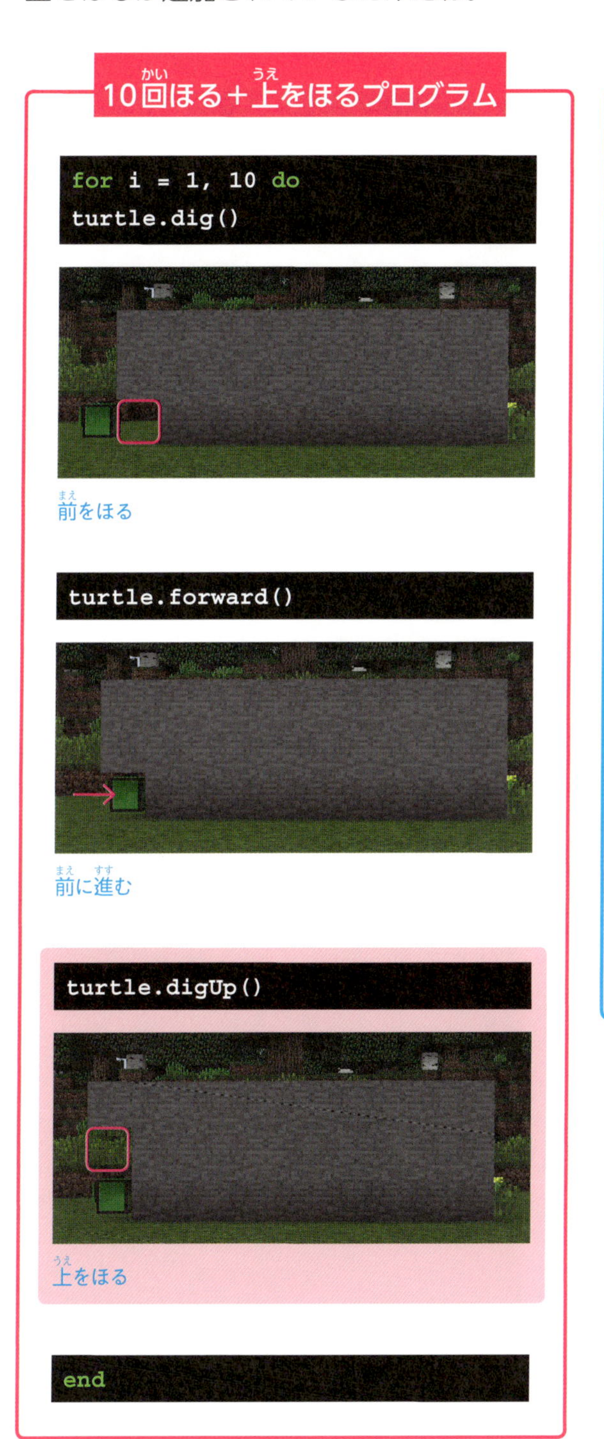

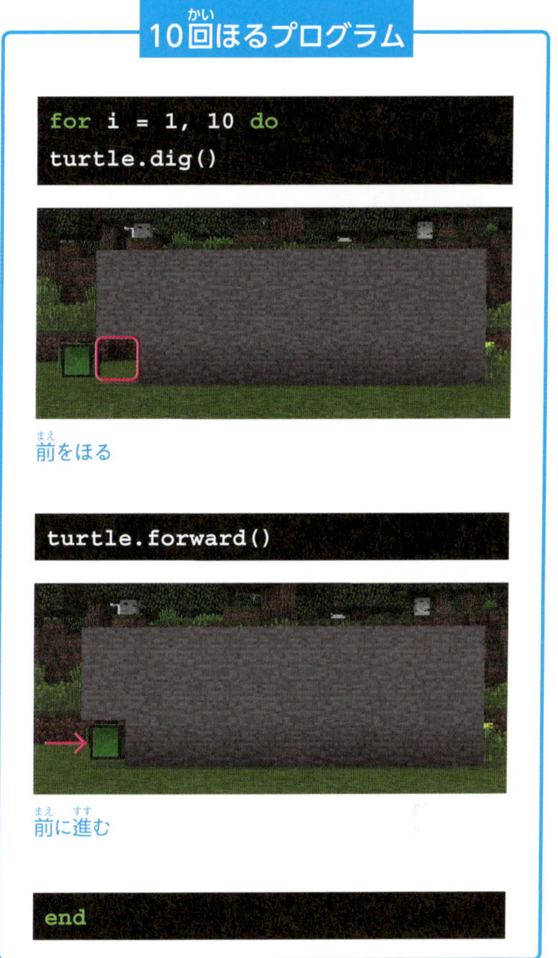

10回ほる＋上をほるプログラムを実行したらプレイヤーのとおれるトンネルがほれた！

5 くりかえしでかっこいいものをつくろう やってみよう④ 階段をつくる

くりかえしを使って……

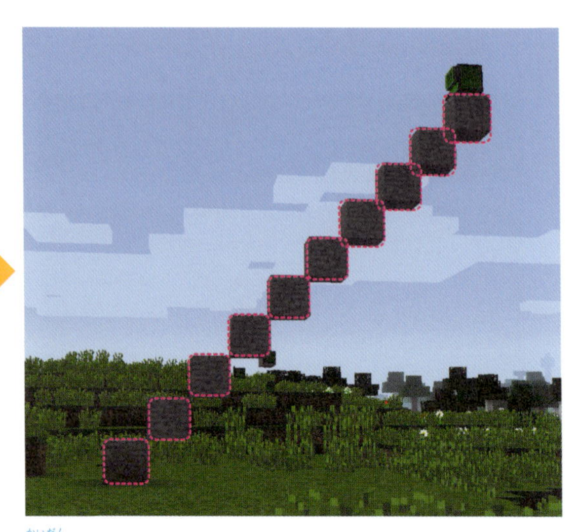

階段をつくってみよう

階段のつくりかた

階段をつくるにはどんなふうにタートルをうごかせばいいかな？　実行する前にタートルにブロックを装備させるのを忘れないようにしよう！

❶1段目をつくる。
❷次の段の高さにすすむ。
❸次のブロックの前まで進む。
❹❶と同じように2段目をつくる。

こんなふうにうごかしてみよう

for文で階段1段をつくるプログラム

```
turtle.place()    ──── ❷
turtle.up()       ──── ❸
turtle.forward()  ──── ❹
```

いま考えたうごきをプログラムにするとこうなるよ！　プログラムはたったの3行！

❶ブロックをおくよ。
❷上に進むよ。
❸前に進むよ。

タートルのうごきを考えるとこうなるね。

```
turtle.place()    ──── ❶
```

ステップ1は「おく」

```
turtle.up()       ──── ❷
```

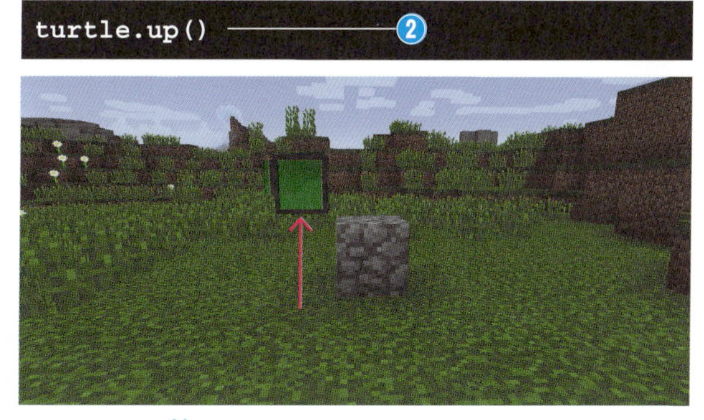

ステップ2は「上にすすむ」

```
turtle.forward()  ──── ❸
```

ステップ3は「前にすすむ」

for文で階段を10段をつくるプログラム

```
for i = 1, 10 do         ❶
turtle.place()           ❷
turtle.up()
turtle.forward()
end                      ❸
```

タートルのうごきは基本的には1段だけつくったときと同じだよ。for文を使って10回くりかえそう。前もって石ブロックをタートルに10個もたせておこう。

❶endまで10回くりかえすという意味だよ。
❷階段を1段つくるプログラムをここに入れよう。
❸くりかえしはここで終わりという意味だよ。

この順番で階段をつくっていくよ

もっと高い階段もつくれそう!

階段プログラムを改造してみよう①

タートルにブロックをたくさんもたせて高い階段をつくってみよう！雲まで届く階段がつくれるよ！

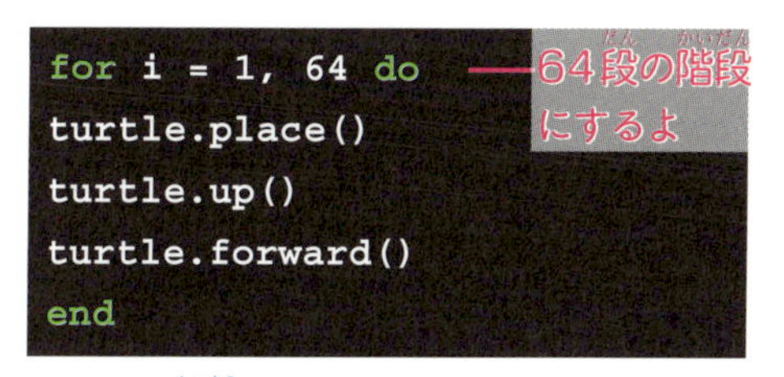

```
for i = 1, 64 do
turtle.place()
turtle.up()
turtle.forward()
end
```


くりかえす回数を64にしてみよう

インベントリで Shift キーを押しながらブロックをもつと64個もてるワン！

高い階段をつくってみよう

階段プログラムを改造してみよう②

らせん階段をつくってみよう。タートルのうごきは基本的には階段をつくったときと同じだよ。最後に左を向くうごきが入るところが違うんだ！

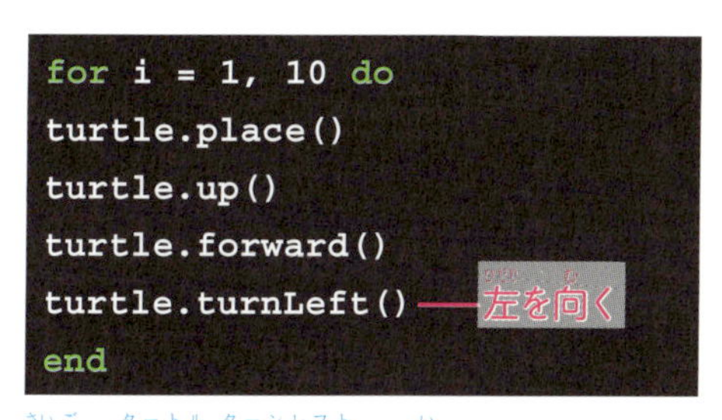

```
for i = 1, 10 do
turtle.place()
turtle.up()
turtle.forward()
turtle.turnLeft()
end
```


最後にturtle.turnLeft()を入れてみよう

らせん階段がつくれるよ

6 くりかえしをもっとやってみよう！ やってみよう⑤ タワーをつくる

ブロックをおいて……

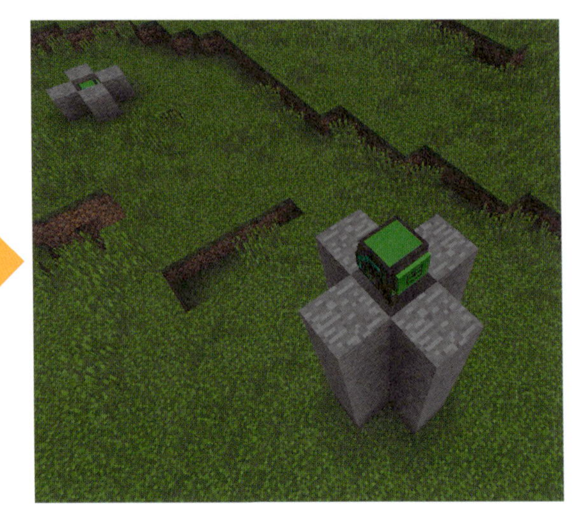
タワーをつくろう

タワーのかたち

タワーをつくってみよう！ タワーはこんなかたちをしているよ。

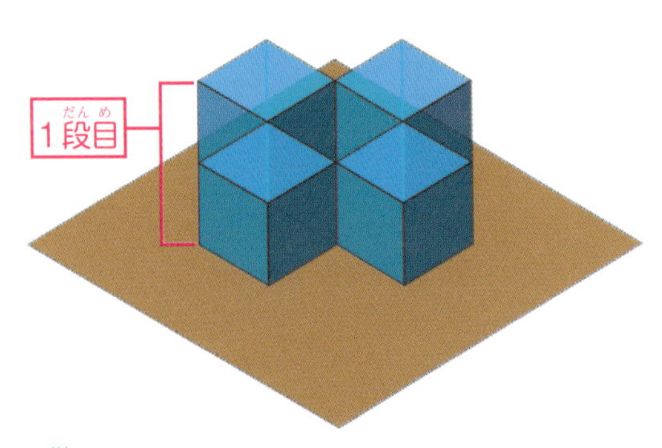

1段だけだとブロック4つでこんなかたちだよ

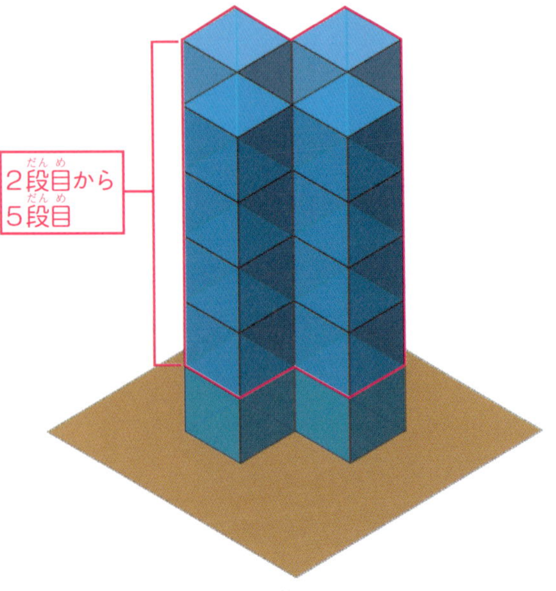

上のかたちになるように5段目まで積んでみよう

タワーの1段目をつくるプログラム

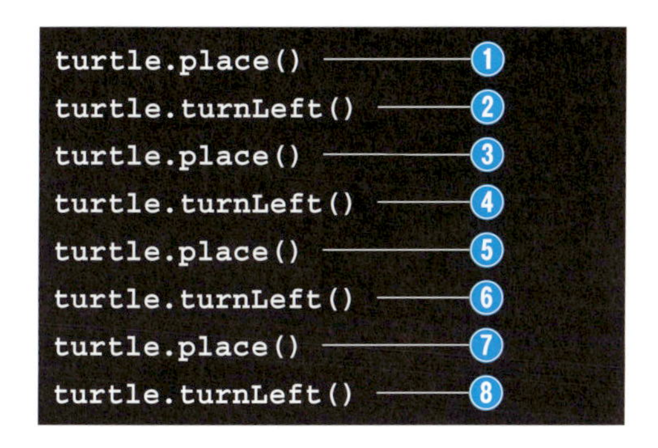

```
turtle.place()     ①
turtle.turnLeft()  ②
turtle.place()     ③
turtle.turnLeft()  ④
turtle.place()     ⑤
turtle.turnLeft()  ⑥
turtle.place()     ⑦
turtle.turnLeft()  ⑧
```

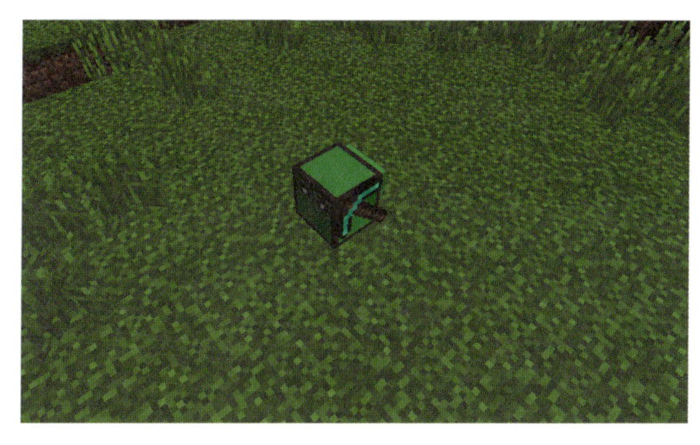

ここからスタート！

タワーの1段目だけをつくるプログラムだよ。長いけどがんばって入力してみよう。

①前にブロックをおくよ。

```
turtle.place()     ①
```

前にブロックをおく

②左を向くよ。

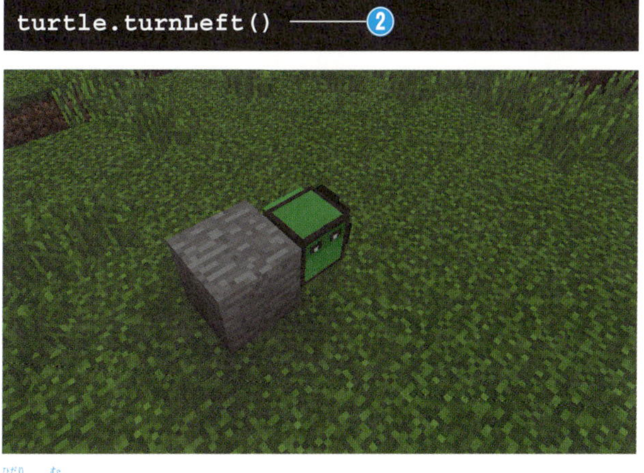

```
turtle.turnLeft()  ②
```

左を向く

タートルがくるくるまわって自分のまわりにタワーをつくるんだ。

❸❹2個目のブロックをおくよ。

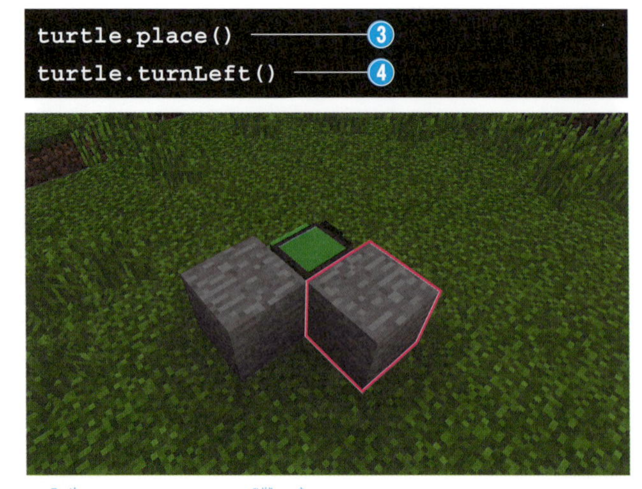

```
turtle.place()     ❸
turtle.turnLeft()  ❹
```

2個目のブロックをおいて左を向くよ

❺❻3個目のブロックをおくよ。

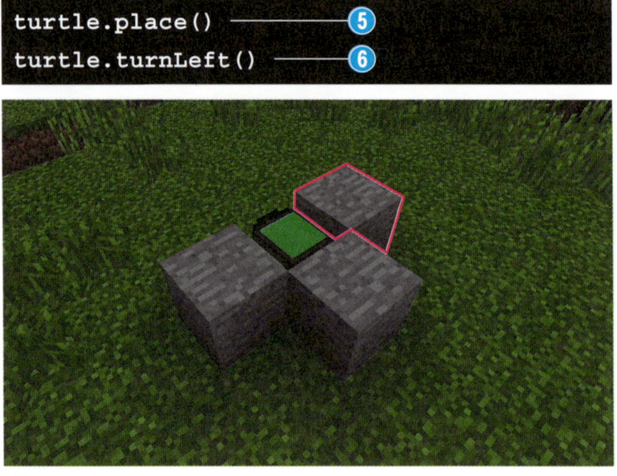

```
turtle.place()     ❺
turtle.turnLeft()  ❻
```

次に3つ目だね

❼❽4個目のブロックをおくよ。

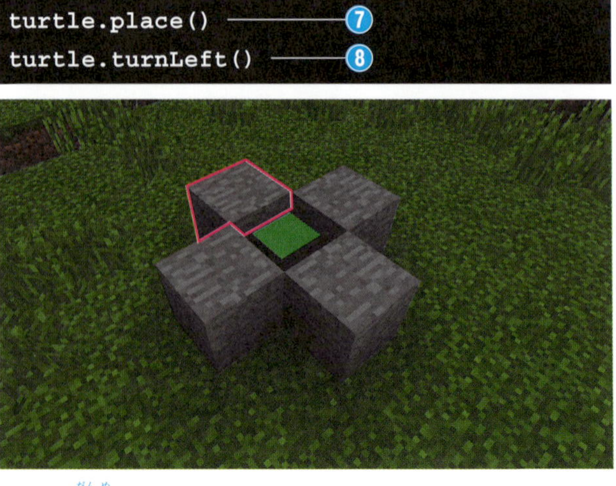

```
turtle.place()     ❼
turtle.turnLeft()  ❽
```

これで1段目のできあがり!

タワー（1段目から5段目）をつくるプログラム

```
for i = 1, 5 do          ①
turtle.place()           ②
turtle.turnLeft()
turtle.place()
turtle.turnLeft()
turtle.place()
turtle.turnLeft()
turtle.place()
turtle.turnLeft()
turtle.up()              ③
end                      ④
```

いよいよタワーをつくるプログラムをつくろう。1段目のタワーをつくるプログラムをfor文を使って5回くりかえすよ。

❶for文で5回くりかえそう！
❷ここは1段をつくったときと同じだよ。
❸次の段に進むために上に進むうごきを追加しよう。
❹くりかえしはここで終わりという意味だよ。

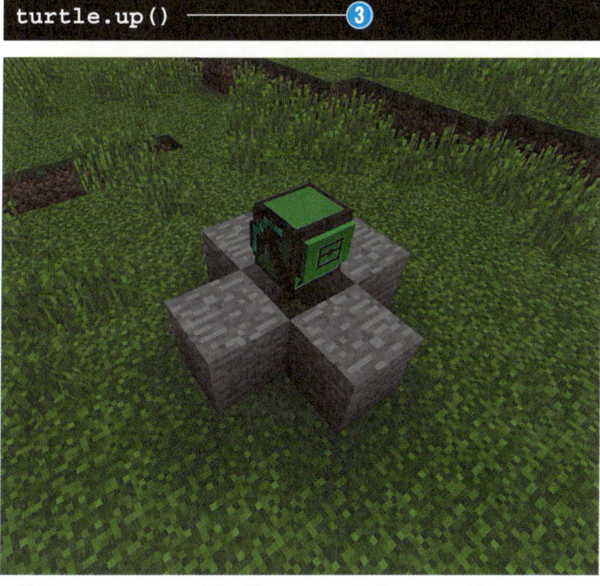

```
turtle.up()              ③
```

1段目をつくったあとに上に進むうごきを追加するのを忘れないようにしよう

くりかえしを使うと
こんなこともできるんだワン！

7 くりかえしをくりかえしてみよう

やってみよう⑥ 短いコードでタワーをつくる

ブロックをおいて……

10段のタワーをつくろう

タワー1段をつくるプログラム再び

タワー1段をつくるプログラムをよく見ると、同じことを4回くりかえしていることがわかるね。

だからこの部分もfor文で書けばすっきりまとめられるんだ。

```
turtle.place()
turtle.turnLeft()
turtle.place()
turtle.turnLeft()
turtle.place()
turtle.turnLeft()
turtle.place()
turtle.turnLeft()
```

```
for i = 1, 4 do
turtle.place()
turtle.turnLeft()
end
```

短くできたね！

for文の中にfor文を入れよう

```
for i = 1 , 10 do
for i = 1, 4 do
turtle.place()
turtle.turnLeft()
end
turtle.up()
end
```

for文のくりかえしの中でさらにくりかえすことができるんだ。これをfor文のネストってよぶよ。ネストは入れ子って意味なんだ。入れ子とは大きさの違うものが中に入っているという意味。

ダウンロードクエストに挑戦

QUEST 雪のステージ

雪のステージにチャレンジ！（こたえはP.152）

ダウンロードクエストにチャレンジしよう！
ダウンロードして遊ぶ方法はP.22を見てね！
第3章で学習したことを使いながら、ゴールをめざそう！

1 「雪のステージ」は雪のドア（YUKI）から出発するよ！

2 ドアの先にある穴に飛び込もう！

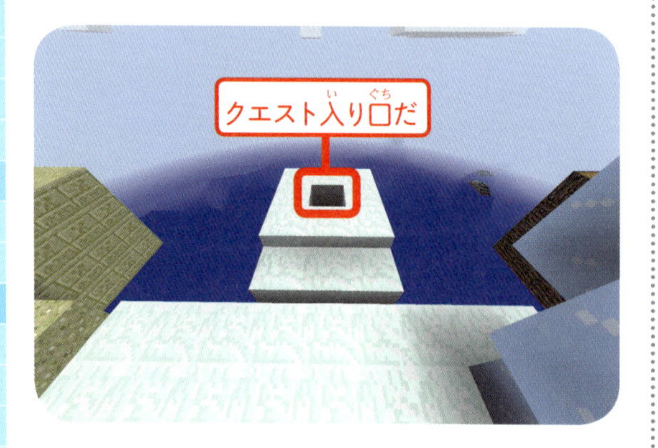

3 クエストに挑戦しよう！

4 各クエストをクリアできたらスイッチをふみ、とびらを開けて、次に進もう！

5 ゴールの穴に飛び込めばクリアだ！

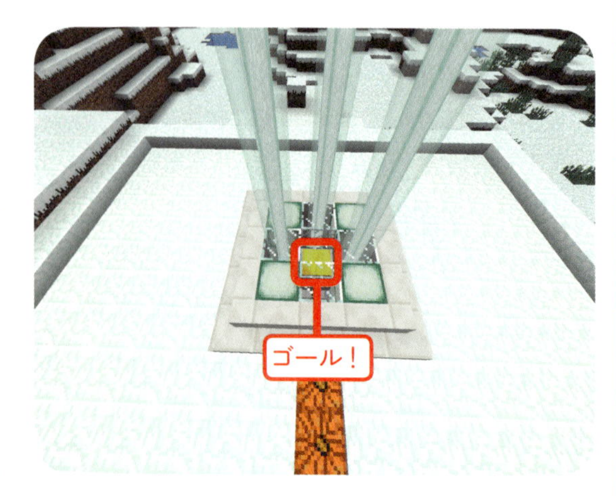

クエスト1

ほりながら進めるかな？

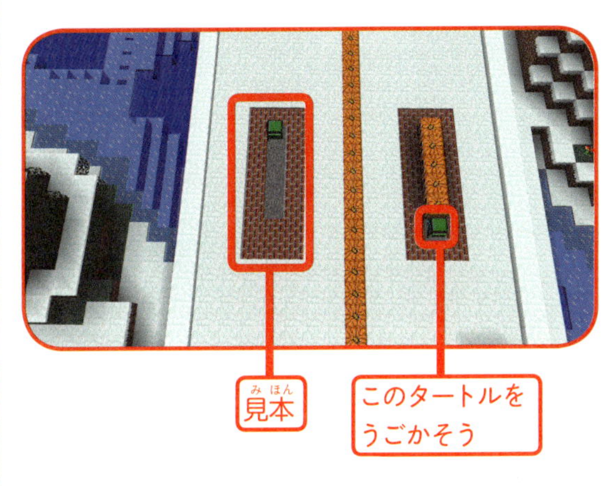

ほって進んでを5回くりかえすとクリアできそうだ！
コードはどのようになるかな……？

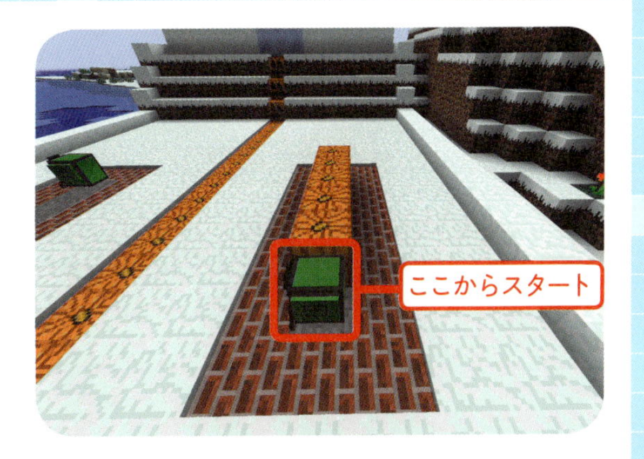

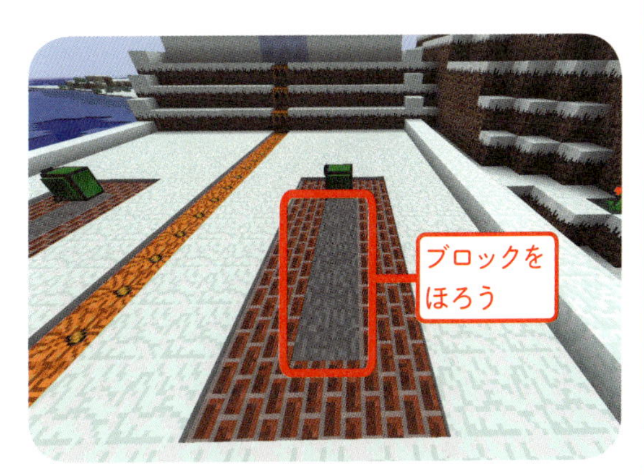

クエスト2

後ろに進みながらブロックをおこう！

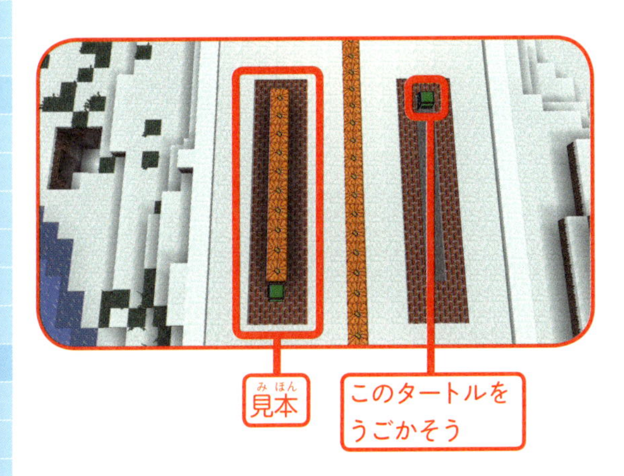

ブロックをおくためには、まず1歩後ろに進まないといけないね。なん回くりかえすといいのかな？

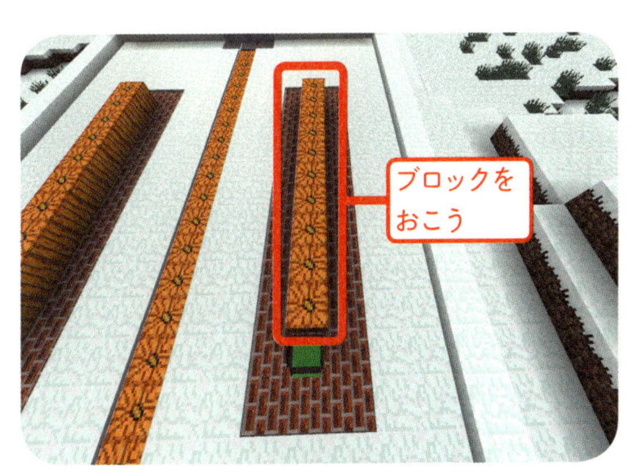

クエスト3

ブロックを見本のようなかたちに積める？

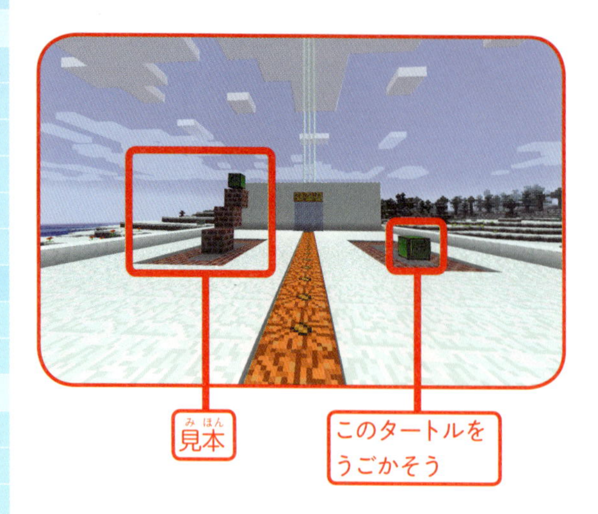

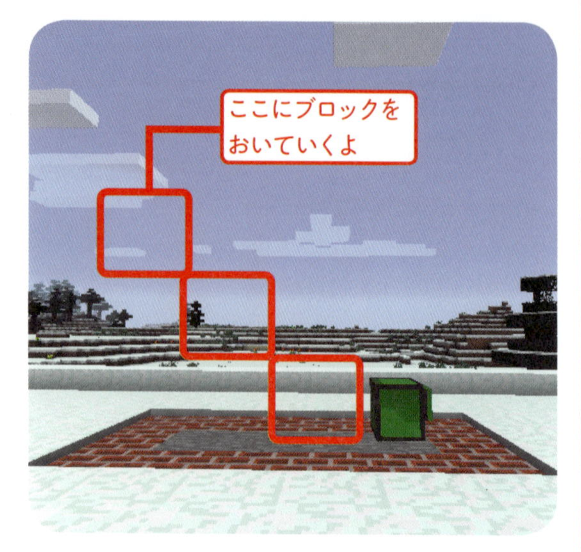

ブロックをおいたら、1マス上に進み、1マス前に進む。これを3回くりかえすと階段のようにブロックが積めるよ。クエスト3をクリアすると最終ステージに挑戦するためのパスワードの1つが入り口のドアの上にあらわれるよ。

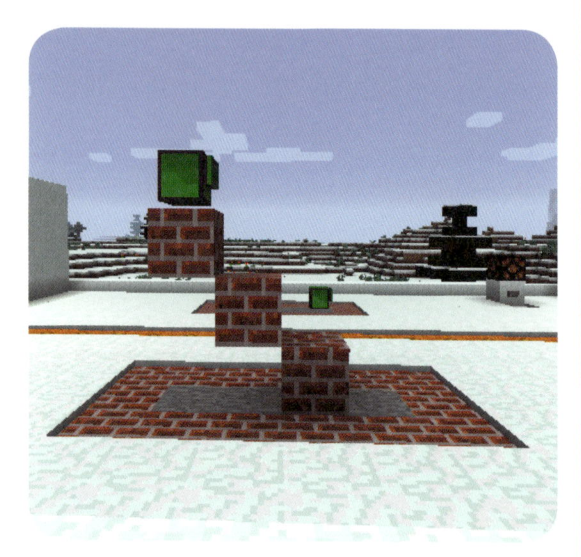

for文って便利だね！

ベトナムにはフォーっていう食べ物があるワン！

第4章

もし、もし もしもし!?

もし雪が降っていて、「雪だるまをつくる」、「かまくらをつくる」のどちらからを選択するならキミならどうする？こうした「どっちにする」を、プログラムで指定できるんだ。そのしくみを学んでみよう。

おうちの方へ

「繰り返し処理」から一歩進んで、ここでは「条件分岐」について学習します。プログラムの世界も、現実世界と同じようにいろいろな条件が存在します。さまざまな条件分岐を学習することで、柔軟なプログラム能力を養うことができます。

1 まずはまねしてif文！
ブロックがあるときだけほって進む

ここからスタート！

ブロックがあるときだけ「ほる」をさせてみよう

条件によって違ううごきをさせる

タートルに「ほる」と「進む」をなんどもさせるときに、何もないところでほるとエラーになるよ。タートルの前にブロックがあるときだけ「ほる」をするプログラムをつくってみよう。

条件によって違ううごきをさせることを「条件分岐」というよ。くわしいことはあとで説明するね。

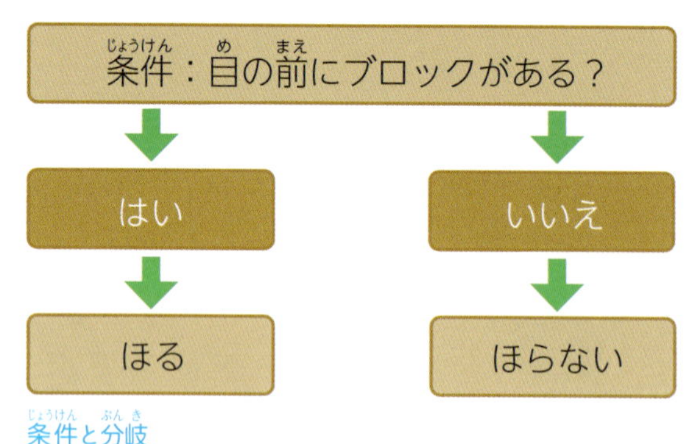

条件と分岐

メモ

条件分岐とは

条件分岐というと難しいかもしれないけど、いつもの生活の中で自然にやっていることだよ。
たとえば、信号が赤だったらとまる。青だったら進む。食べ物がごはんだったらおはしを使う、スパゲッティだったらフォークを使う。こうやっていろいろな条件ですることを変えているよね。

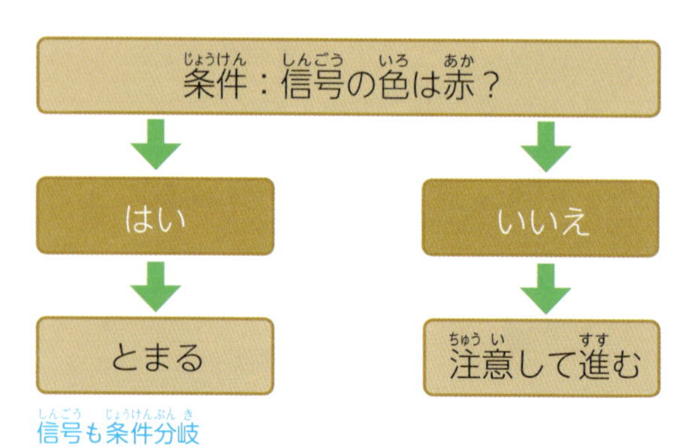

信号も条件分岐

if文を使ったプログラムをまねして書いてみよう

P.28の記号の入力方法を見ながら文字を打ちこんでみよう。意味がよくわからなくてもだいじょうぶ。文字の打ち間違いに注意してね。

if文の見本

```
for i = 1, 10 do
if turtle.detect() == true then
turtle.dig()
end
turtle.forward()
end
```

if文のうごき（ブロックがあるとき）

このプログラムをうごかしてみると、ブロックがあるときは前のブロックをこわしてから前に進むよ。

ブロックがある

ブロックをこわそう

ブロックをこわしたから前に進むよ

タートルがブロックを発見！

if文のうごき（ブロックがないとき）

ブロックがないときはそのまま前に進むぞ。

前にブロックがない

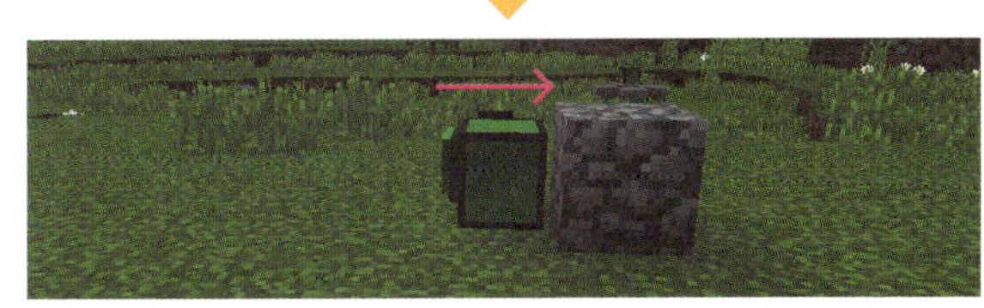

そのまま進もう

2 わかれみちをつくるif文 if文のしくみ

わかれみちをつくるif文

if文のifは英語で「もし」という意味。

いろいろな「もしも○○だったら」という条件をつくってプログラムのうごきを変えることができるんだ。

「もし○○だったら」「もし○○でなかったら」という条件をつくることもできるよ。

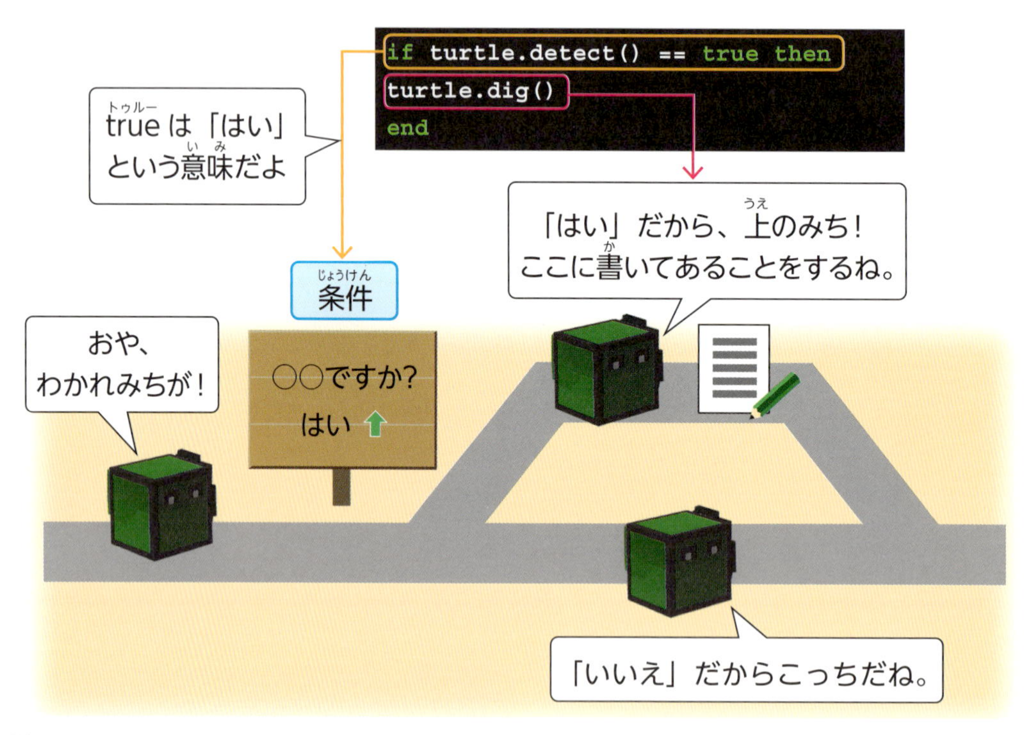

if文でこうだったら、こう、ああだったらこうという条件をつくってタートルに違うことをさせることができるんだ。わかれみちをつくることができるようなものだね。

- タートルの前にブロックがある
- タートルの下にブロックがある
- 下にあるのが石のブロック
- タートルがもっているブロックと下のブロックが同じ

条件はいろいろとつくれる

for文とif文を組み合わせて使う

if文の条件分岐はfor文と組み合わせて使うことが多いよ。

くりかえしをしながら、条件にあわせてうごきを変えていくんだ。

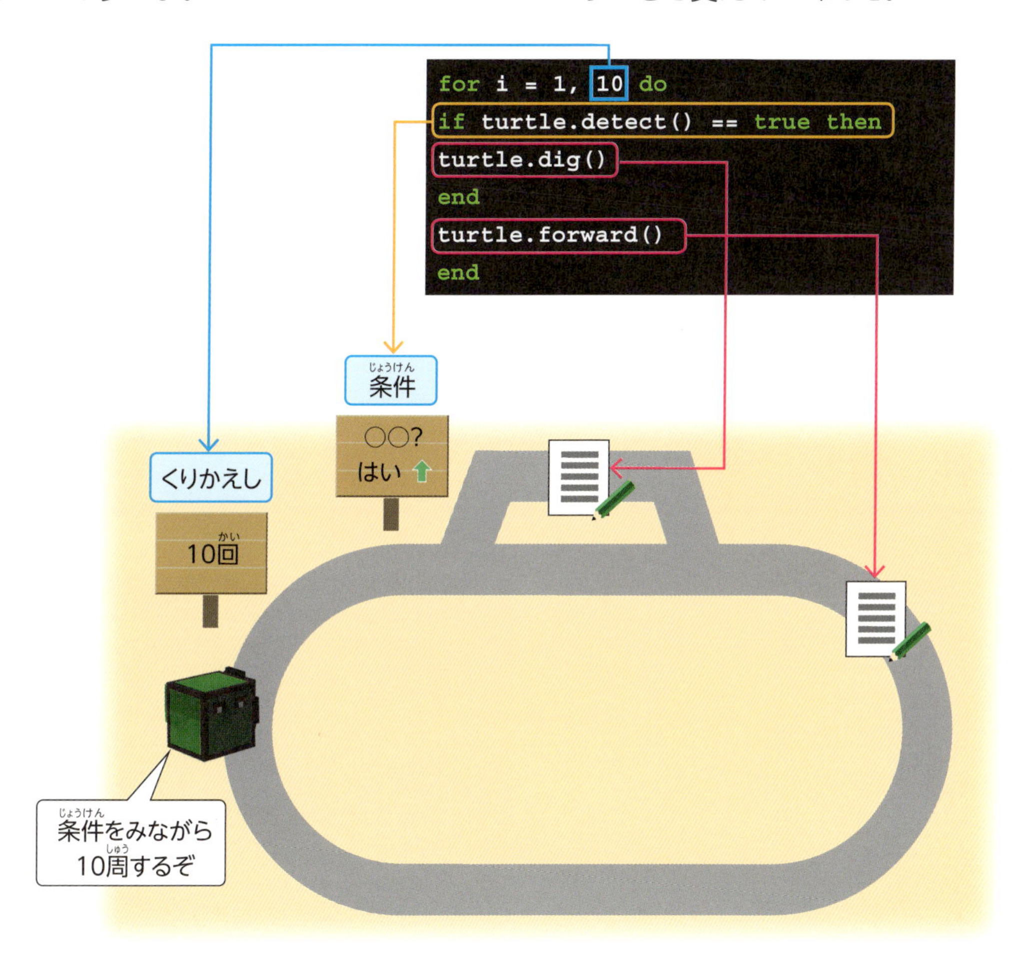

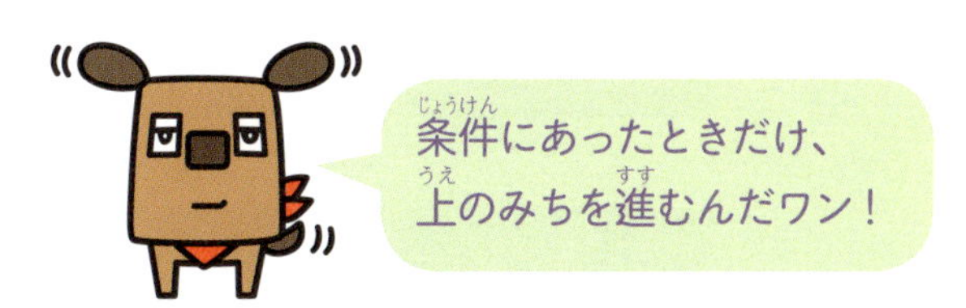

3 if文の条件をつくる ブロックがとなりにあるか調べる

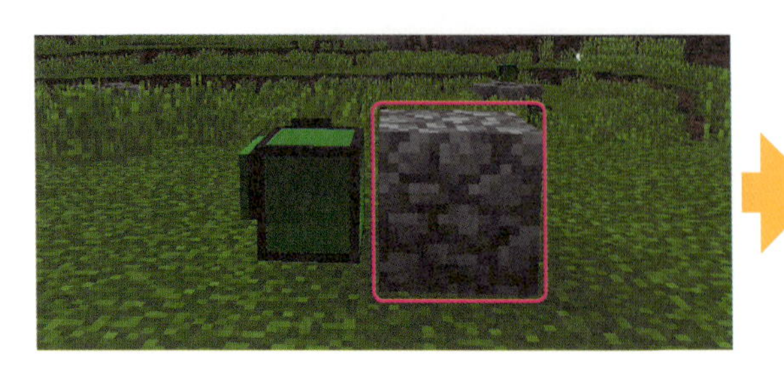
ブロックがある!

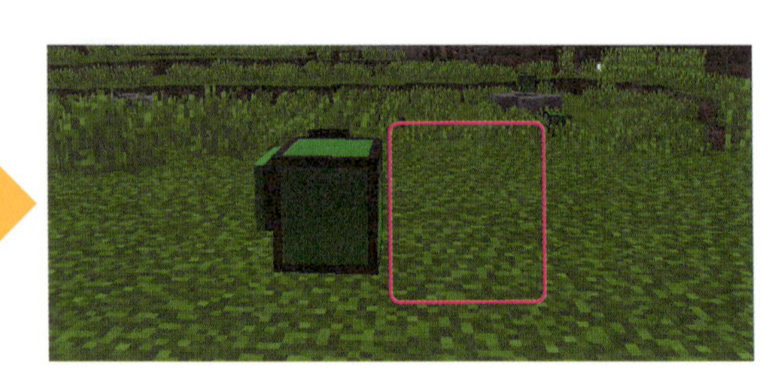
ブロックがない!

条件：ブロックがタートルのとなりにあるか・ないか

ブロックがあるか・ないかを調べるための3つのプログラムを用意したよ。

それぞれタートルの前、上、下に対応するようになっているんだ。

```
turtle.detect()
```

前にあるか調べる

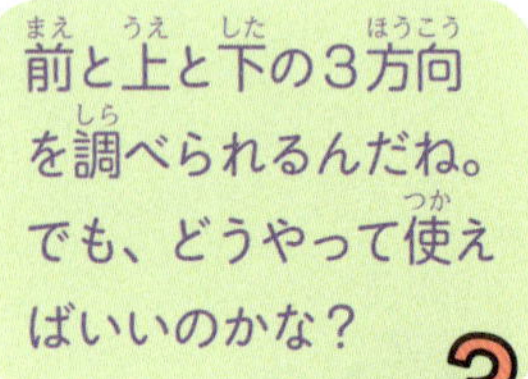


```
turtle.detectUp()
```

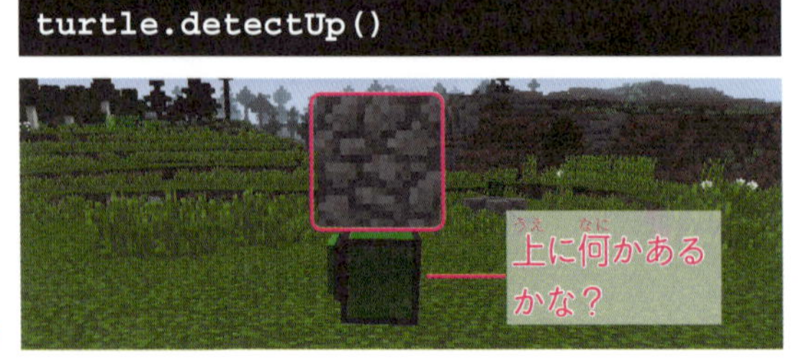

上にあるか調べる

```
turtle.detectDown()
```

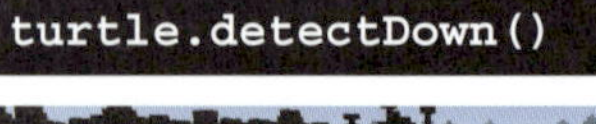

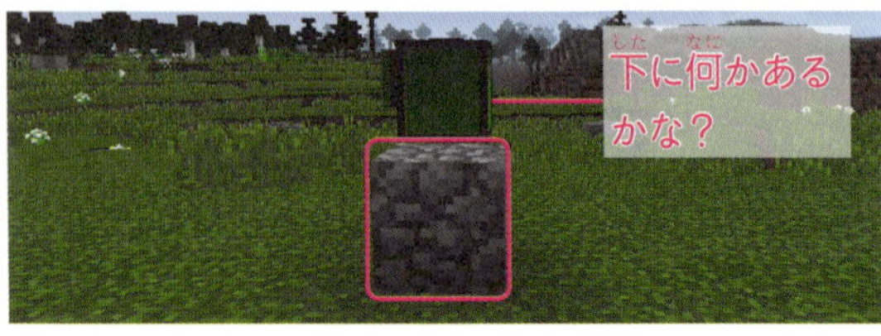

下にあるか調べる

if文の中身を見てみよう

if文の中身を見てみよう。for文の中にif文が入っている構造になっているよ。

❶ここはfor文を書く。
❷ここからがif文だよ。if文の条件とやってほしいことを書こう。

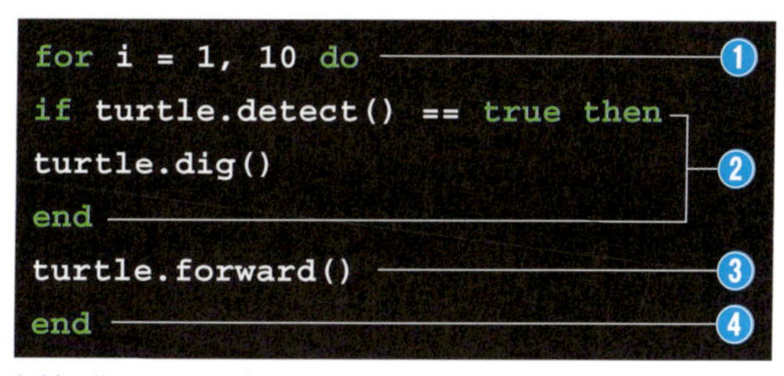

```
for i = 1, 10 do                    ①
if turtle.detect() == true then     ②
turtle.dig()
end
turtle.forward()                    ③
end                                 ④
```

if文の入ったfor文

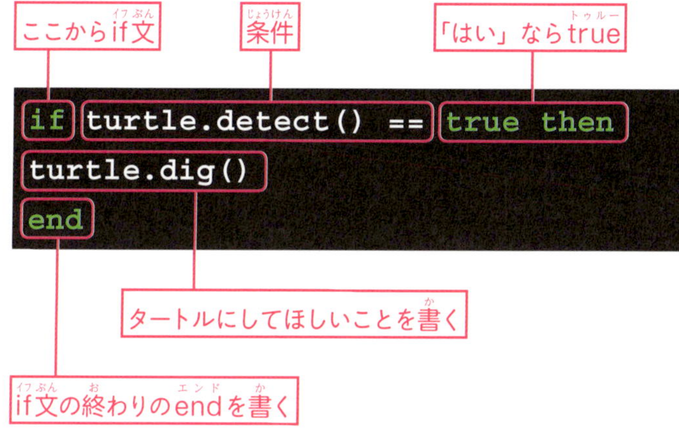

❸毎回してほしいことを書く。
❹for文の終わりのendを書く。

if文の中の＝はひとつではなく、==と2つ書くのを忘れないようにしようね！

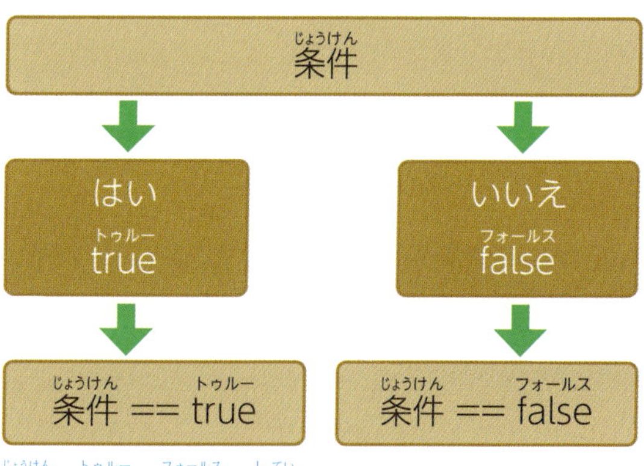

条件をtrueかfalseで指定するため、==でつなごう

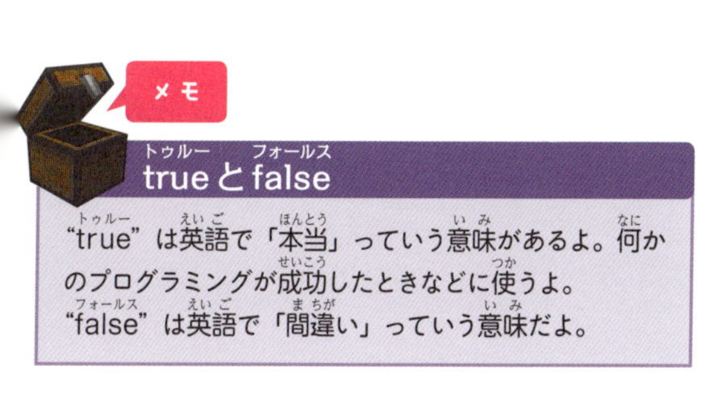

true と false

“true” は英語で「本当」っていう意味があるよ。何かのプログラミングが成功したときなどに使うよ。
“false” は英語で「間違い」っていう意味だよ。

4 if文を使ってみよう やってみよう① 上をほりながら進む

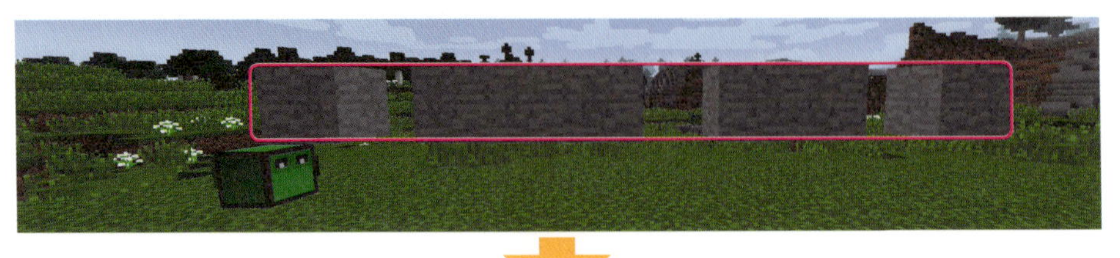

ブロックがタートルの上にあるね

一気にほってしまおう

上を調べる&上をほる

上を調べるプログラムと上をほるプログラムを組み合わせるとif文をつくることができるよ。

❶turtle.detectUp()を使うと上に何があるか調べられるね。
❷turtle.digUp()を使うと上をほれるね。

これを組み合わせてプログラムをつくると下のようになるよ。

```
if turtle.detectUp() == true then
turtle.digUp()
end
```

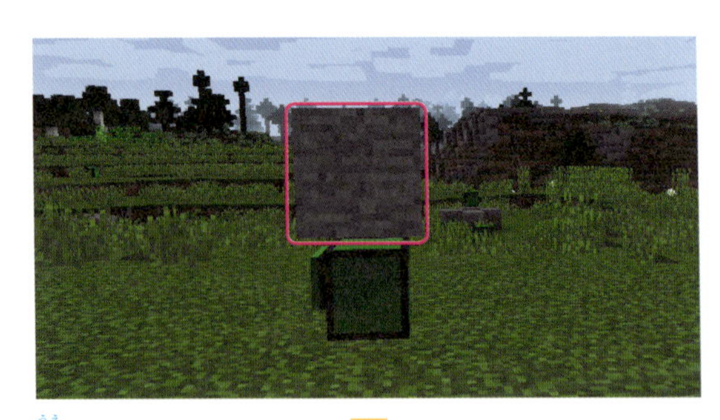

上にあるね

そうしたら上をほるよ

上をほりながら進むプログラム

上をほりながら進んでいくプログラムを実際にうごかしてみよう。

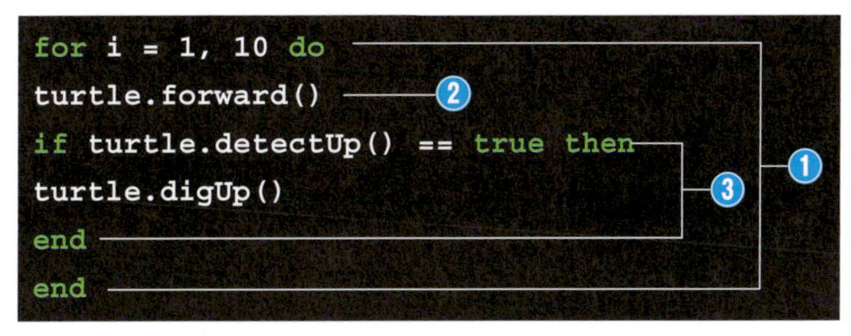

上をほりながら進むプログラム

❶10回くりかえすfor文だよ。

❷まず前に進もう。

```
turtle.forward()
```

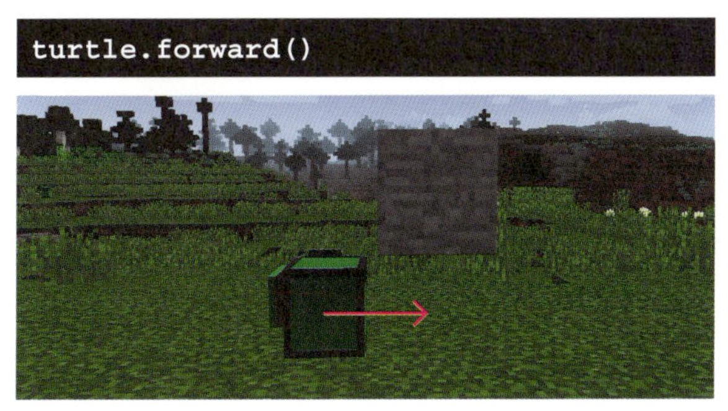

❷まず前に進む

❸前のページでつくったif文を入れよう。

```
if turtle.detectUp() == true then
turtle.digUp()
end
```

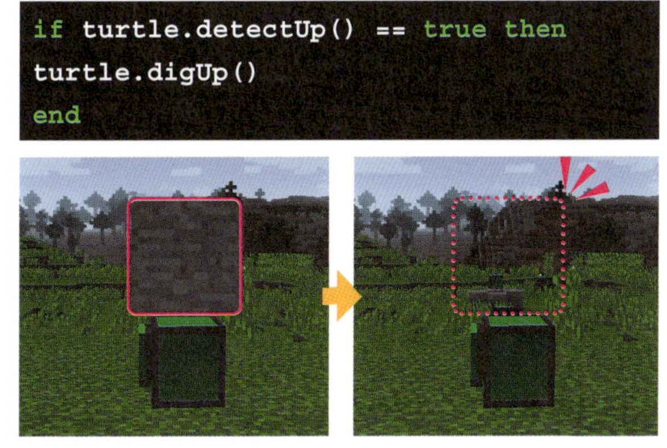

❸上に何かあればほる

❸なければ何もしない

5 条件に合わないときのif文 やってみよう② 下をうめながら進む

前に穴があいている

うめて進む

「下を調べる」と「下におく」を組み合わせたif文をつくる

下を調べるプログラムと下におくプログラムを組み合わせてif文をつくってみよう。タートルにブロックを装備させておくのを忘れないようにしようね。

❶下に何かないかを調べる。

下を調べてfalseになれば下にブロックがないってことだワン！

❷なかったらturtle.placeDown () で下にブロックをおこう。

```
if turtle.detectDown() == false then
turtle.placeDown()
end
```

if文はこうなるよ

```
turtle.detectDown() ──❶
```

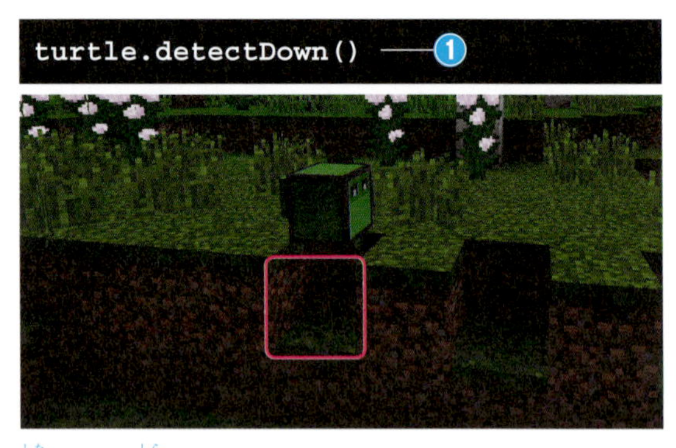
下にないか調べる！

```
turtle.placeDown() ──❷
```

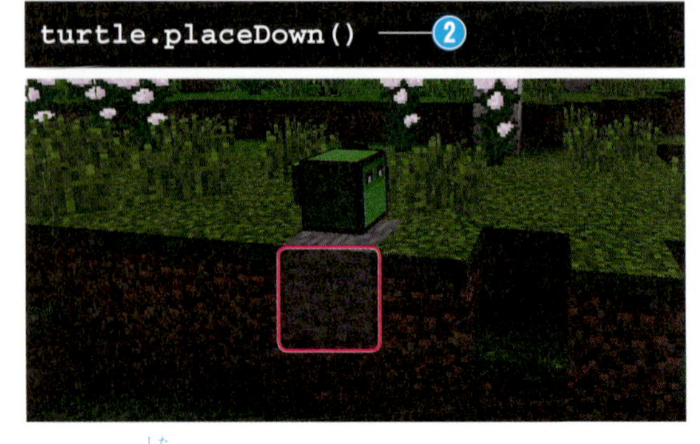
なかったら下におく

 穴をうめながら進むプログラム

前のページで考えたif文と、10回くりかえすfor文、そして前に進む命令文をセットにしてうごかしてみよう。

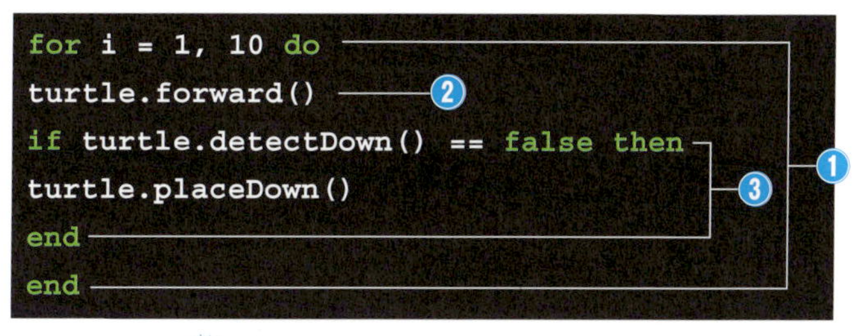

```
for i = 1, 10 do
turtle.forward()
if turtle.detectDown() == false then
turtle.placeDown()
end
end
```


このうごきを10回くりかえすとこうなるよ

❶ if文を10回くりかえすfor文のもとをつくろう。

❷ まず前に進むよ。

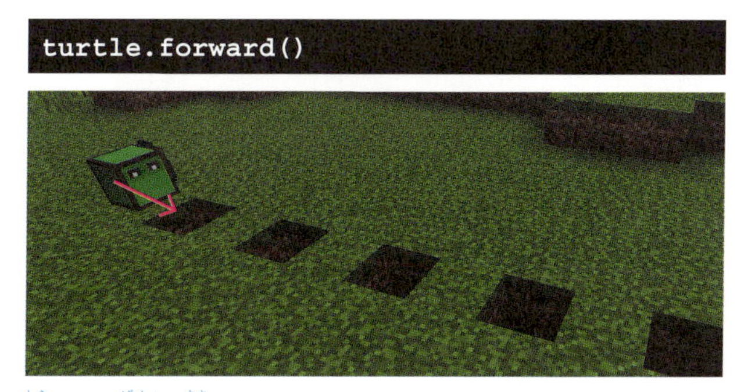

```
turtle.forward()
```

調べたい場所に進む

穴の上に進むんだね！

❸ 前のページで考えたif文を入れよう。

```
if turtle.detectDown() == false then
turtle.placeDown()
end
```


なかったら下におく

このうごきを10回くりかえすとこうなるよ

6 if文を2つ使うプログラム やってみよう③ 前と上を整地する

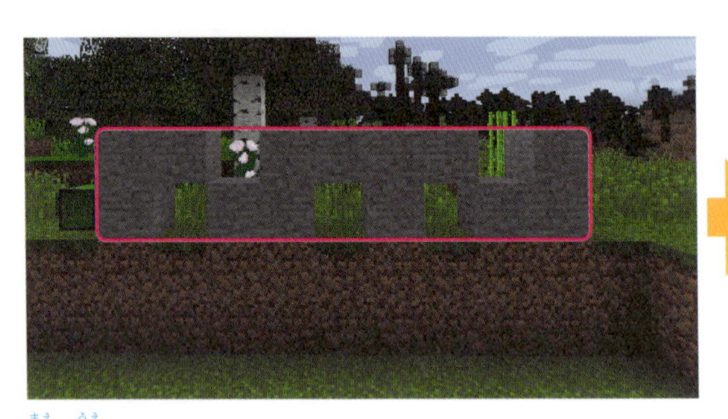
前と上にブロックがならんでるね

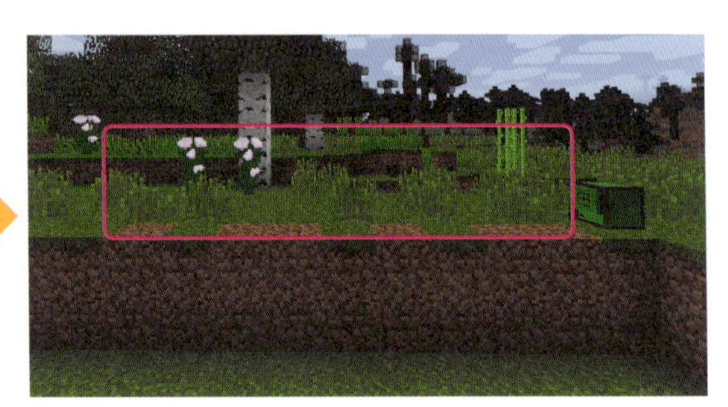
前も上も一気にほりすすもう

 if文その1　前にあったらほる

まず、タートルの前に何かあるかを調べて、もしあったらほる動作をさせるよ。

```
turtle.detect() ──❶
```

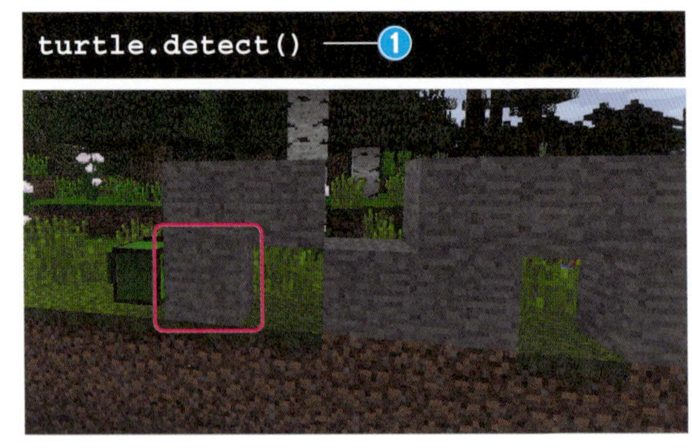
前にあるかを調べる

❶前に何かあるかを調べる。

```
turtle.dig() ──❷
```

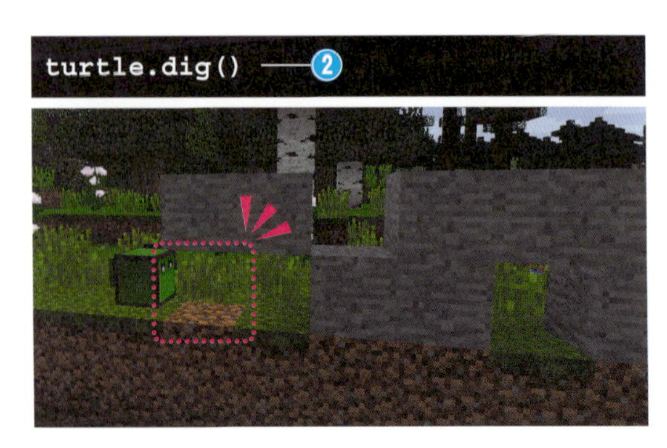
あったらほる

❷前に何かあったらほる。

```
if turtle.detect() == true then
turtle.dig()
end
```

if文はこうなるよ

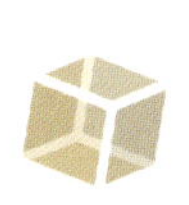

if文その2
上に何かあったらほる

タートルの上に何かあるか調べて、もしあったらほる動作をさせるよ。

❶上に何かあるかを調べる。

❷上に何かあったらほる。

```
if turtle.detectUp() == true then
turtle.digUp()
end
```

if文はこうなるよ

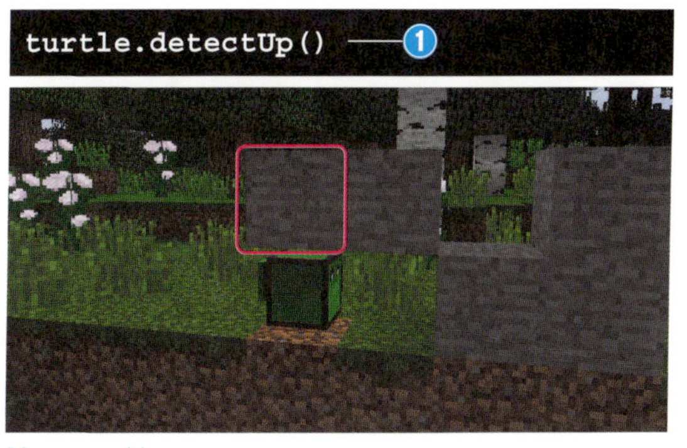

上にあるか調べる

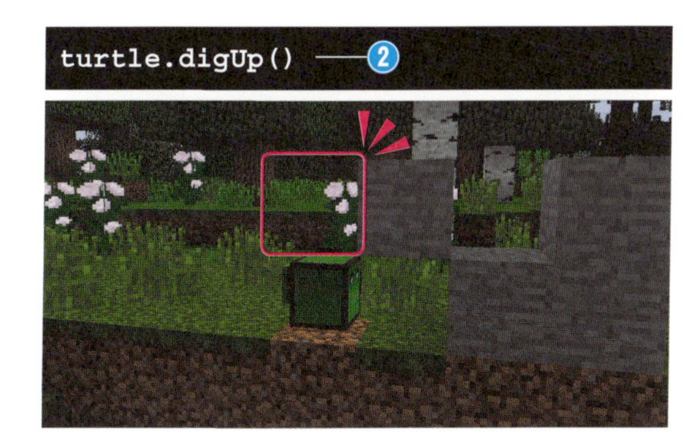

あったらほる

タートルの前と上を整地するプログラム

2つのif文を組み合わせて、タートルの前と上を調べながらほるプログラムを完成させよう。

❶10回くりかえすfor文だよ。
❷2つのif文を入れよう。
❸2つのif文の間に、前に進む命令を入れよう。

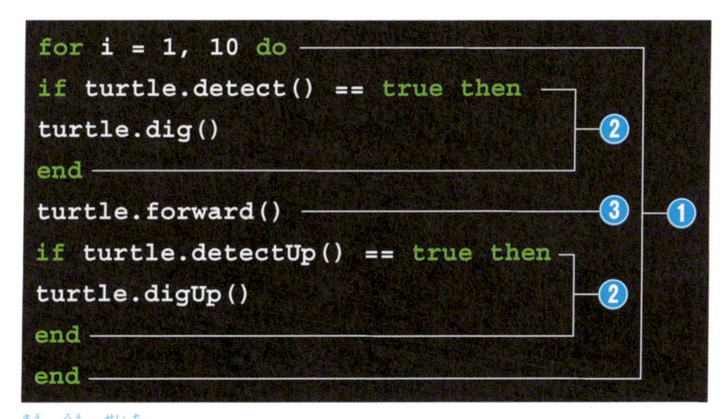

```
for i = 1, 10 do
if turtle.detect() == true then
turtle.dig()
end
turtle.forward()
if turtle.detectUp() == true then
turtle.digUp()
end
end
```


前と上を整地するプログラム

うごかしてみよう！

7 if文を3つ使うプログラム

やってみよう④ 前、上、下を整地!

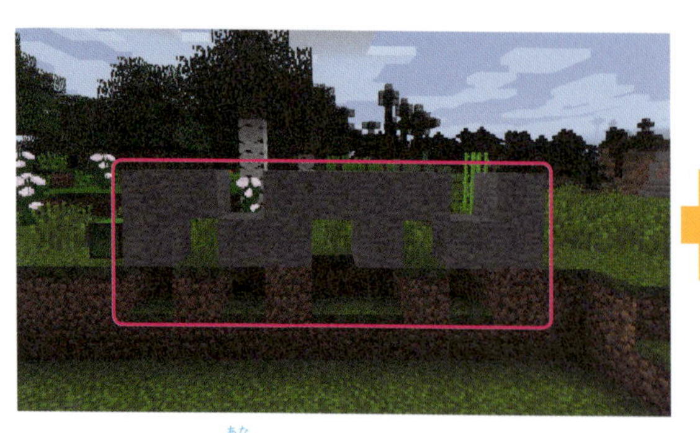

ブロックもあるし、穴もある

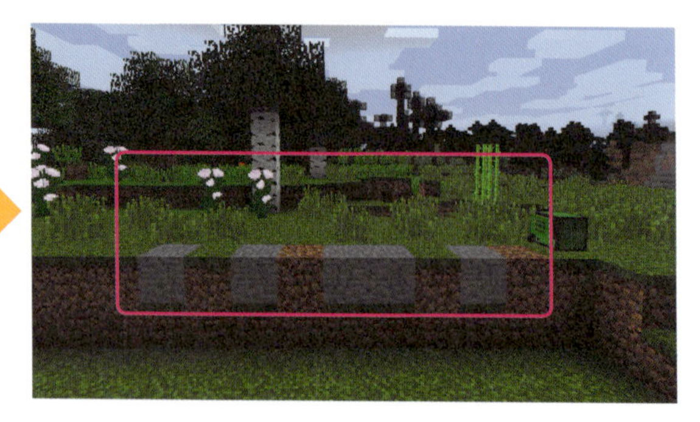

すっきりときれいにしよう

 プログラムをくっつけてみよう

4-5と4-6でつくったプログラムを合体させてif文を3つ使ったプログラムをつくってみよう。

❶じゃまなブロックはタートルの前と上をほるプログラムの中身を使ってきれいにできそうだね。

❷下にあいている穴は、下を調べて、ブロックがないときに下におくプログラムの中身を再利用してみよう。タートルにブロックをもたせておくのを忘れないようにしてね。

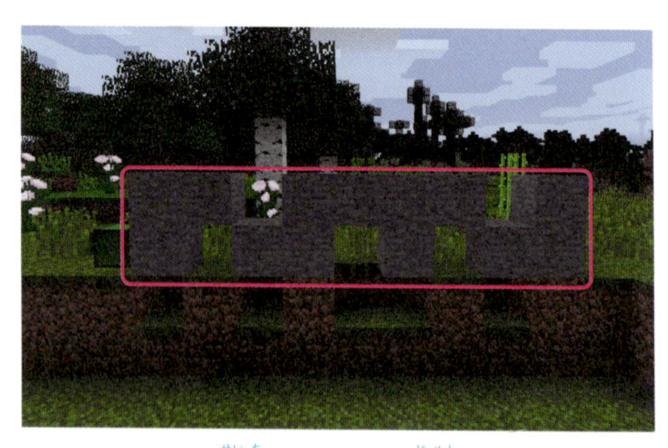

❶4-6でつくった整地プログラムで地面をきれいにしよう

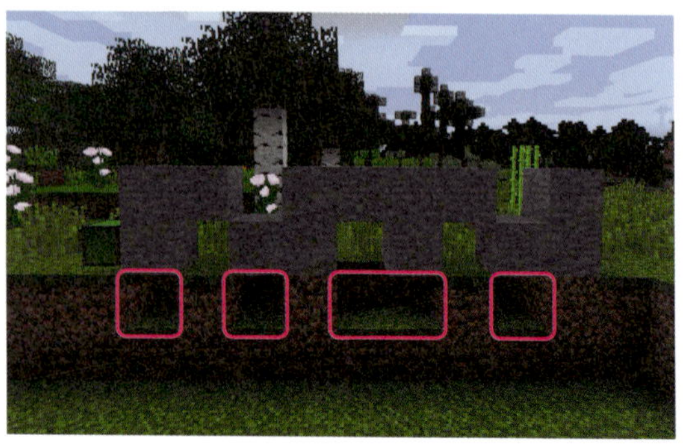

❷4-5でつくったプログラムで地面に開いた穴をうめよう

前、上、下を整地しながら進むプログラム

そうしたら、4-5でつくったプログラムと4-6でつくったプログラムを合体させてif文が3つあるプログラムをつくってみよう。

❶10回くりかえすfor文だね。
❷前と上を整地しながら進むプログラムだね。
❸下を調べて、ブロックがなかったらおくプログラムだね。

```
for i = 1, 10 do
if turtle.detect()==true then
turtle.dig()
end
turtle.forward()
if turtle.detectUp() == true then
turtle.digUp()
end
if turtle.detectDown() == false then
turtle.placeDown ()
end
end
```

前、上、下の整地プログラム

タートルをうごかしてみよう！

プログラムを見やすくするポイント

スペース（空白文字）や改行を追加するとプログラムがもっと見やすくなるよ。これはプログラミングのテクニックなんだ。改行やスペースの入れ方（インデントというよ）にはいろいろなやりかたがあるよ。

```
for i = 1 , 10 do
    if turtle.detect() == true then
        turtle.dig()
    end
    turtle.forward()

    if turtle.detectUp() == true then
        turtle.digUp()
    end

    if turtle.detectDown()== false then
        turtle.placeDown ()
    end

end
```

インデントしたプログラム

8 スーパー整地プログラム

タートルをうごかしながらif文を使おう

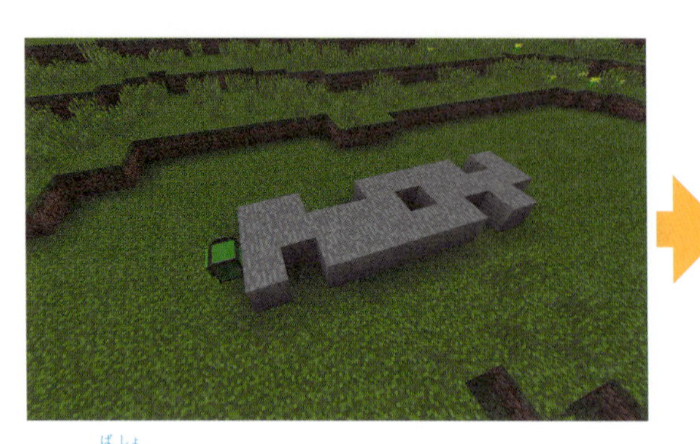
こんな場所を

一気に整地するプログラムをつくろう

30マスを一気に整地

タートルの左右のブロックもほりながら一気に30マスを整地するプログラムをつくってみよう。

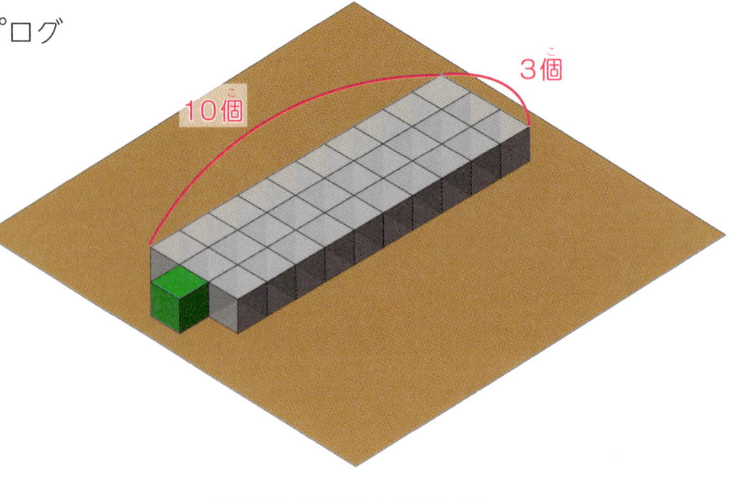

30ブロックをきれいにできるよ

スーパー整地プログラムのうごき

タートルは自分の前、上、下をほることができるけど、タートルの右や左をほるturtle.digRight()みたいな命令はないんだ。だから、タートルを左右に向かせる命令をしないといけないよ。

ここからスタート！

❶まずタートルの前にもしブロックがあれば、ブロックをほる。

❶もし前にブロックがあれば前をほる

❷そのまま前に進もう。

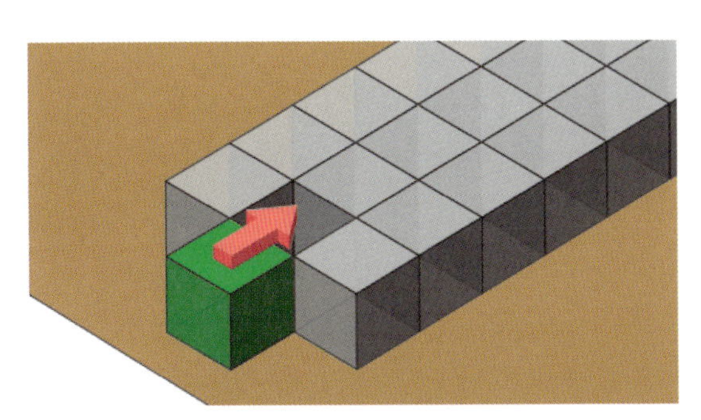

❷前に進む

❸次は左側のブロックをほるために左を向くよ。

❸左を向く

こっちを向かないと
ほれないもんね

❹そうしたら、もしブロックがあれば左側のブロックをほろう。

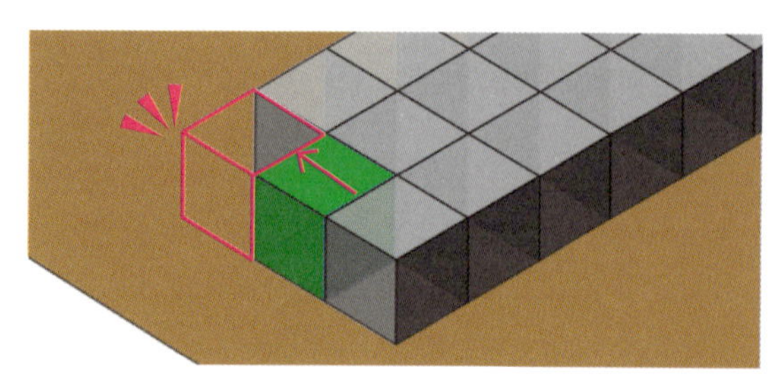

❹前のブロックをほる

❺次は右側のブロックをほるために後ろを向こう。右を向く、左を向くをどちらか2回やると後ろを向くことができるよ。

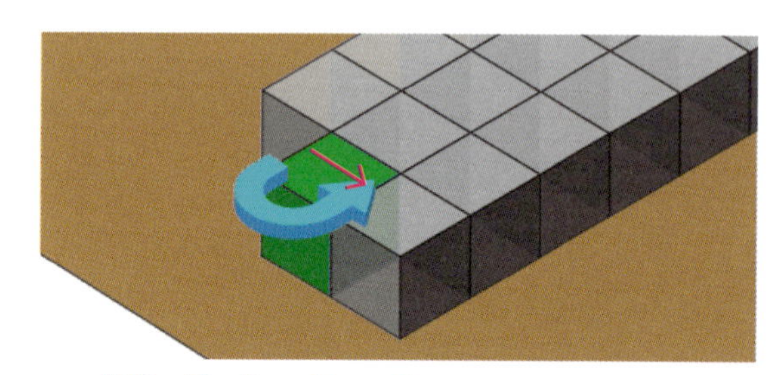

❺2回左か右を向いて後ろを向く

❻もしブロックがあれば右側のブロックをほろう。

❻前のブロックをほる

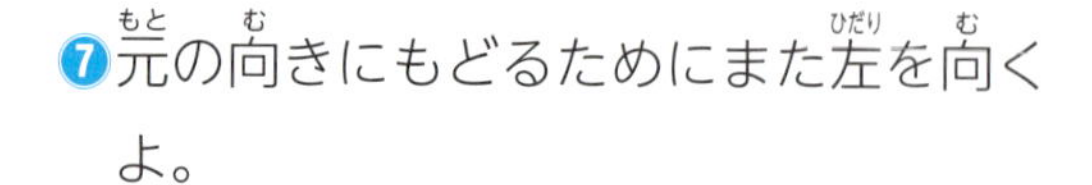

❼元の向きにもどるためにまた左を向くよ。

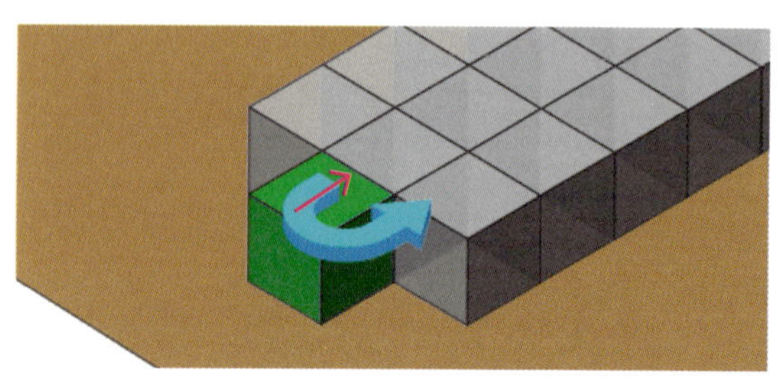

❼左を向いて元の向きにもどる

スーパー整地プログラム

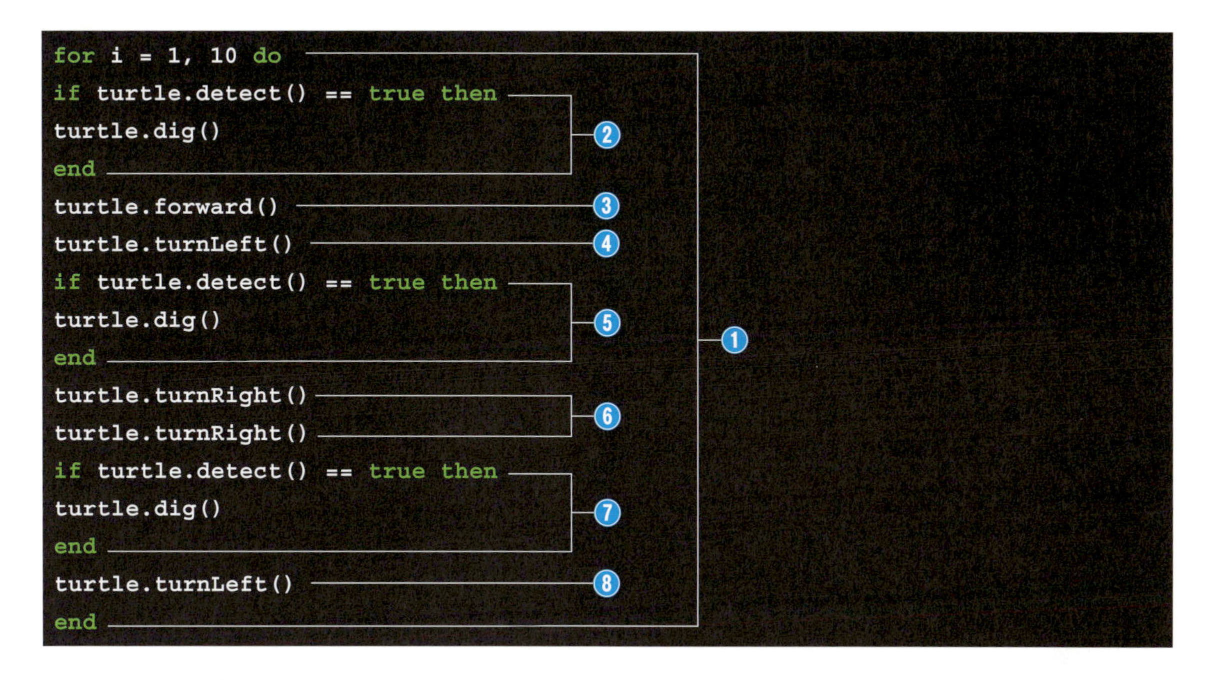

```
for i = 1, 10 do
if turtle.detect() == true then
turtle.dig()
end
turtle.forward()
turtle.turnLeft()
if turtle.detect() == true then
turtle.dig()
end
turtle.turnRight()
turtle.turnRight()
if turtle.detect() == true then
turtle.dig()
end
turtle.turnLeft()
end
```


スーパー整地プログラムのうごきをプログラムにするとこうなるよ。プログラムとタートルのうごきを確認しよう。

❶for文で、10回くりかえすよ。
❷if文で、もし前にブロックがあったらほる。

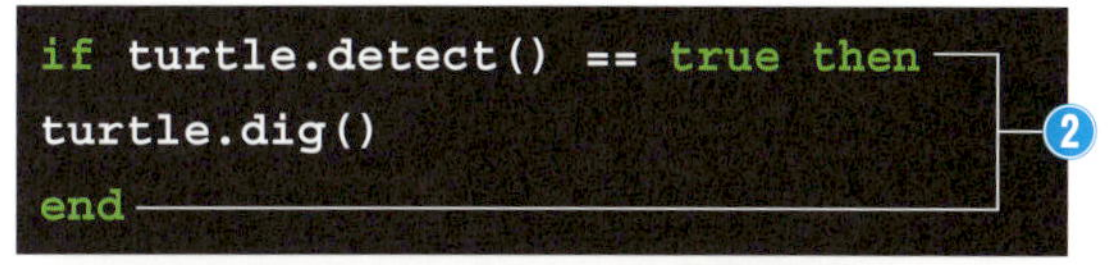

```
if turtle.detect() == true then
turtle.dig()
end
```

❷もし前にブロックがあったら前をほる

❸前に進むよ。

```
turtle.forward()
```

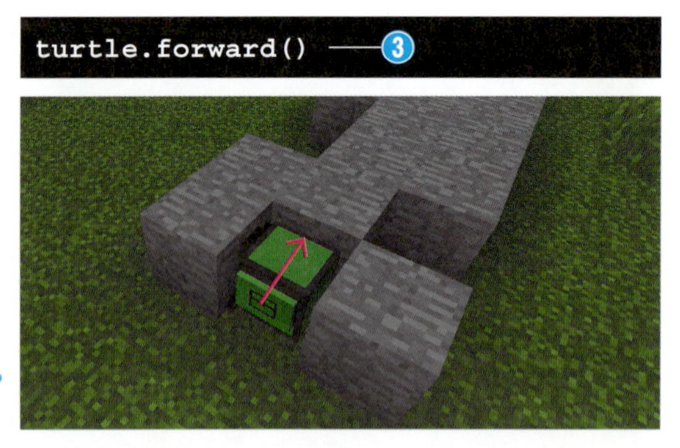

❸ そうしたら前に進んで

❹左を向くよ。

```
turtle.turnLeft()
```

❹ 左を向く

❺左のブロックがあったらほるif文だよ。

```
if turtle.detect() == true then
turtle.dig()
end
```

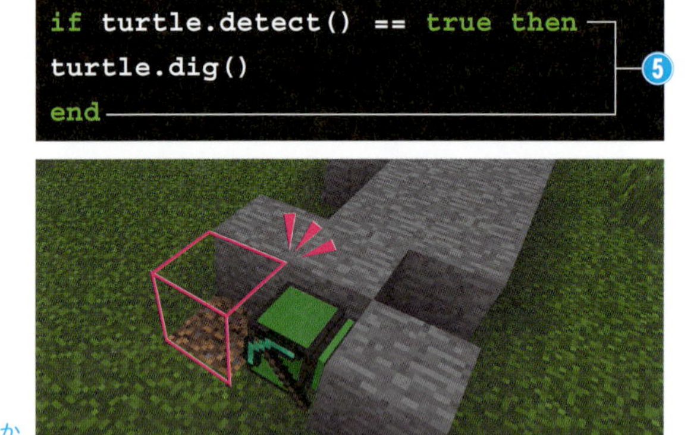

❺ ブロックがあるか調べて、前をほる

❻2回右を向いて後ろを向こう。

```
turtle.turnRight()
turtle.turnRight()
```

❻ 2回右を向いて、後ろを向く

❼右側のブロックがあったらほるif文だよ。

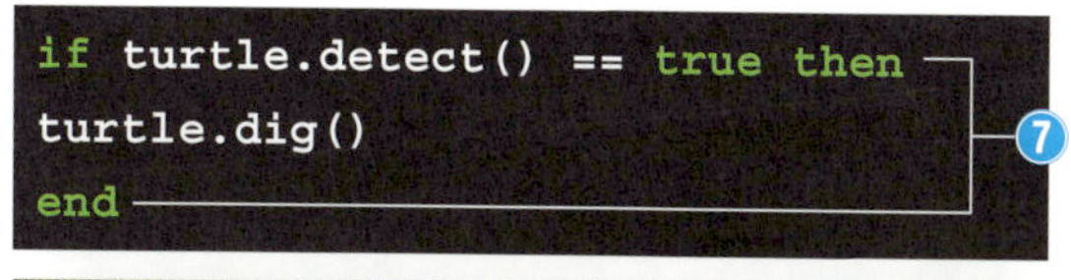

```
if turtle.detect() == true then
turtle.dig()
end
```

❼右側にブロックがあればほる

❽最後に元の向きにもどろう。

```
turtle.turnLeft()
```

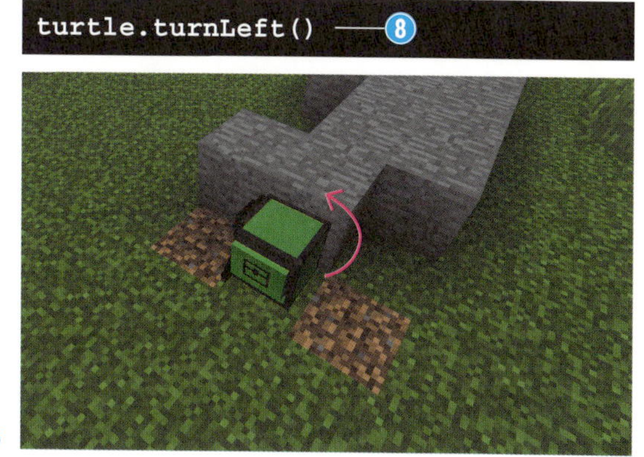

❽最後に元の向きにもどる

 ブロックが調べられる順番

こういう順番でブロックが調べられていくよ。

こんな順番でブロックがほられていくのをイメージできるかな？

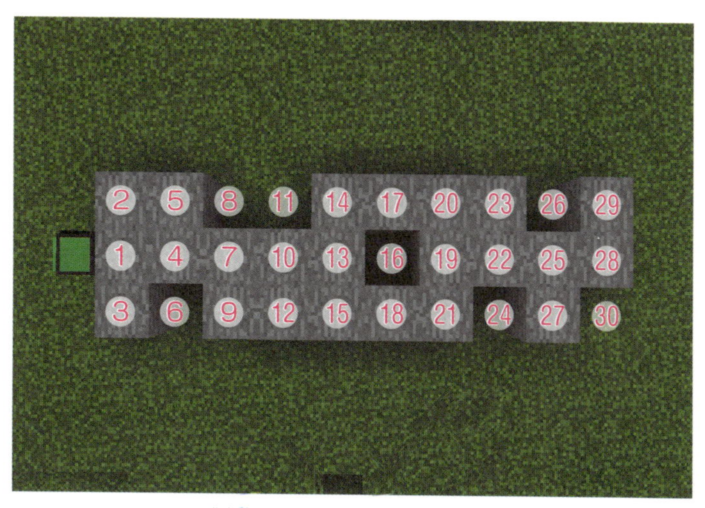

1から30までこういう順番でブロックが調べられていくよ

ダウンロードクエストに挑戦

QUEST 森のステージ

森のステージにチャレンジ！（こたえはP.153）

ダウンロードクエストにチャレンジしよう！
ダウンロードして遊ぶ方法はP.22を見てね！
第４章で学習したことを使いながら、ゴールをめざそう！

1 「森のステージ」は木のドア（MORI）から出発するよ！

2 ドアの先にある穴に飛び込もう！

3 クエストに挑戦しよう！

4 各クエストをクリアできたらスイッチをふみ、とびらを開けて、次に進もう！

5 ゴールの穴に飛び込めばクリアだ！

クエスト1

ブロックを見つけてほろう！

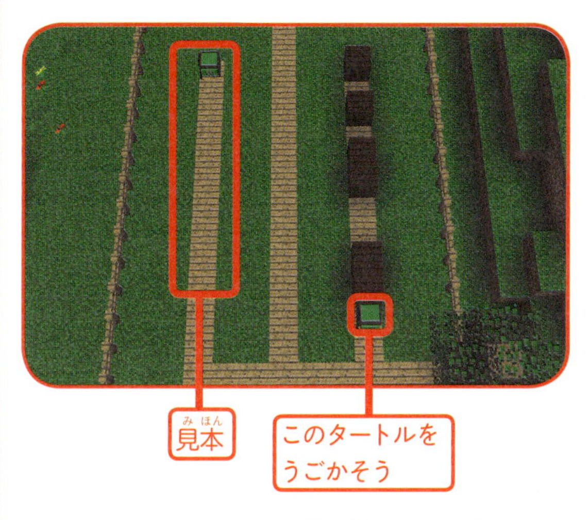

ブロックがあったらほって前に進もう。if文を使えば、ブロックがあるかどうか調べられそうだね。

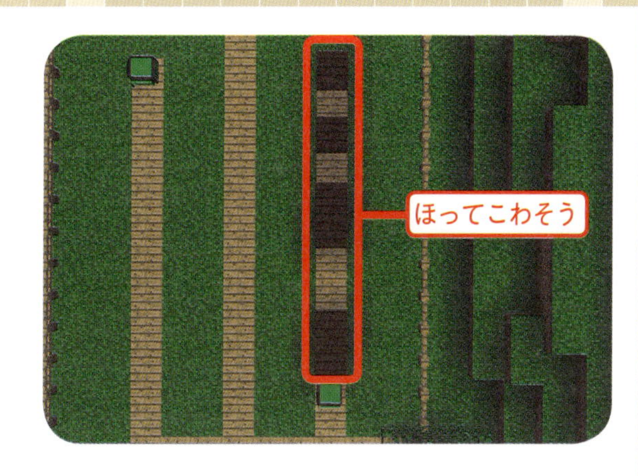

クエスト2

ブロックをおきながら上に上がろう！

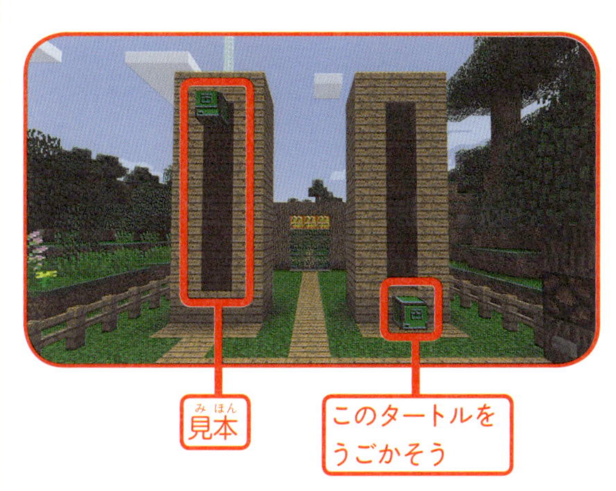

まずタートルを上に上げよう。前にブロックがなかったら、ブロックをおくよ。falseを使って調べよう！

クエスト3

ブロックを越えていける？

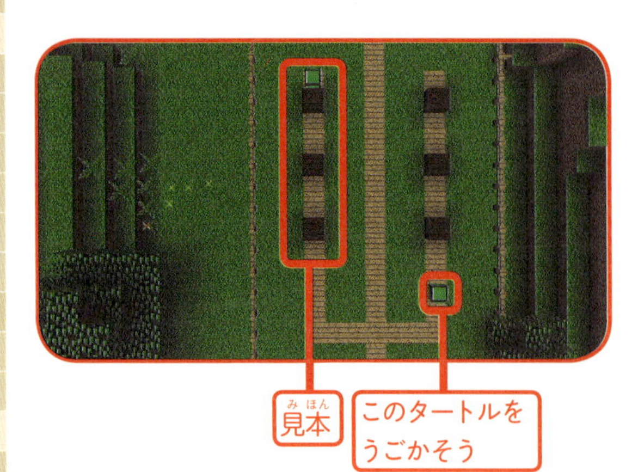

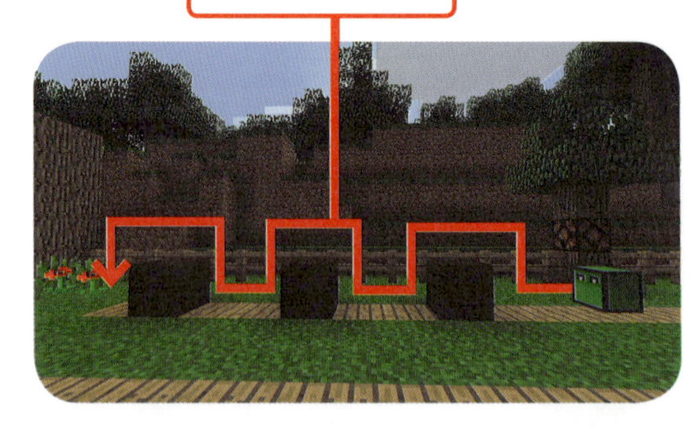

まず、ブロックがあるかどうか調べよう。あったら上に進んで、2歩前に進み、下に進もう。これを10回くりかえすとクリアだよ。クエスト3をクリアすると最終ステージに挑戦するためのパスワードの1つが入り口のドアの上にあらわれるよ。

もしマイクラがなかったら？

つまらないワン。

第5章

クエストを攻略

簡単なプログラムの知識を学んだキミに向けて、ワクワクするようなクエスト（小さな冒険）を用意したよ。ここまで学んだことをいかして、チャレンジしてみよう！

おうちの方へ

プログラムの基本を盛り込んだクエストを用意しました。与えられた課題を積極的にチャレンジできるよう工夫しています。

1 ダウンロードクエストにチャレンジ！ 海底神殿を探検しよう！

ダウンロードクエストは広大な海底神殿になっているぞ！
ファイナルステージのドアから海底神殿に向かう穴に飛びこもう！

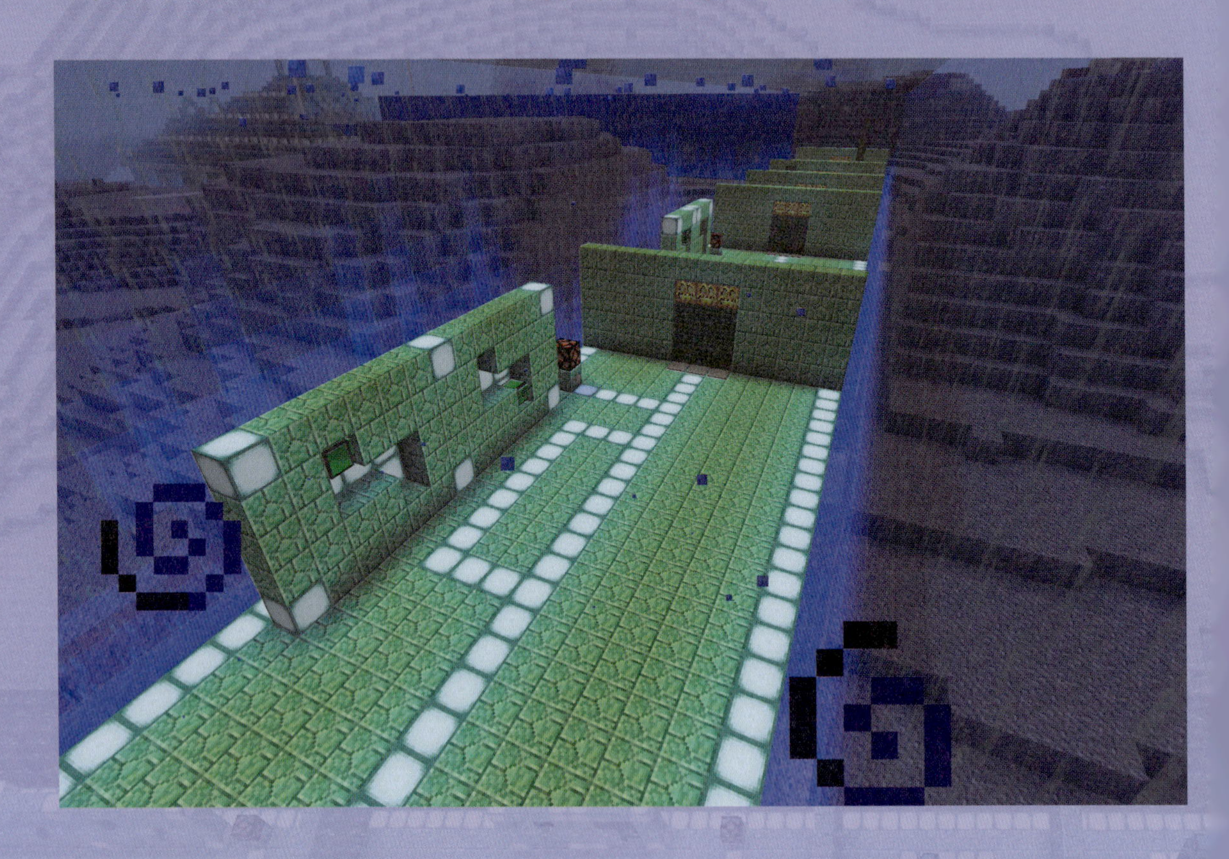

ファイナルステージのドアから、海底神殿の入り口に行くことができるぞ！

クエスト1 ➡P.104

クエスト2 ➡P.105

クエスト3 ➡P.106

クエスト4 ➡P.107

クエスト5 ➡P.108

クエスト6 ➡P.109

クエスト7 ➡P.110

クエスト8 ➡P.111

クエスト9 ➡P.112

クエスト10 ➡P.113

クエスト1 タートルをうごかせるかな？

左側のかべの見本と同じ位置にタートルをうごかしてみよう。タートルをうごかすプログラムを使いこなせるようになっているかな？

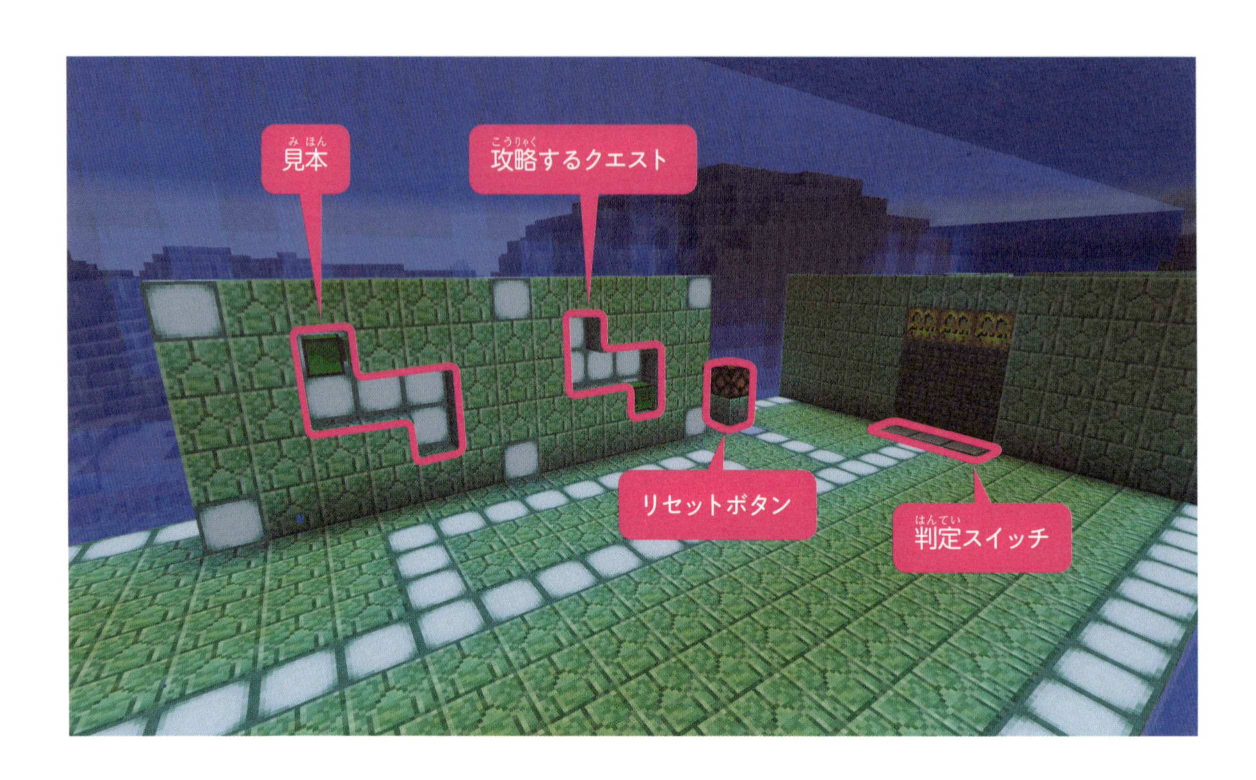

うごかすプログラム

右の図のような方向にタートルをうごかせばいいよ。左に移動するときはタートルの向きに注意しよう。
上に進む・左を向く・前に進むプログラムを組み合わせて攻略しよう。

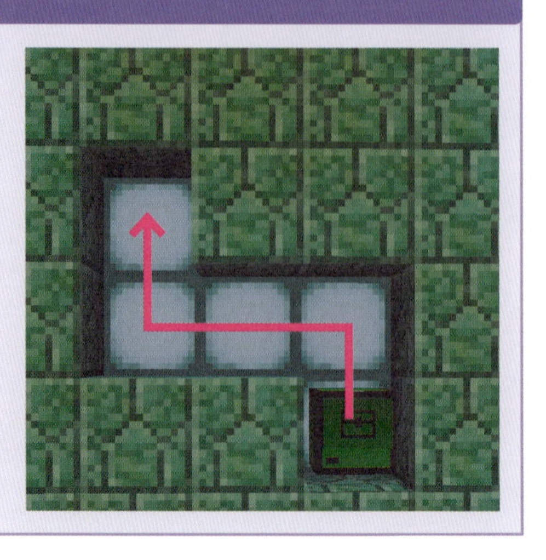

こたえは ➡ P.154

クエスト2 ほりながら進めるかな？

タートルをうごかしながら、ほるうごきもいっしょにやってみよう。ブロックがあるところに進むことはできないから、ブロックは全部ほってしまおう。

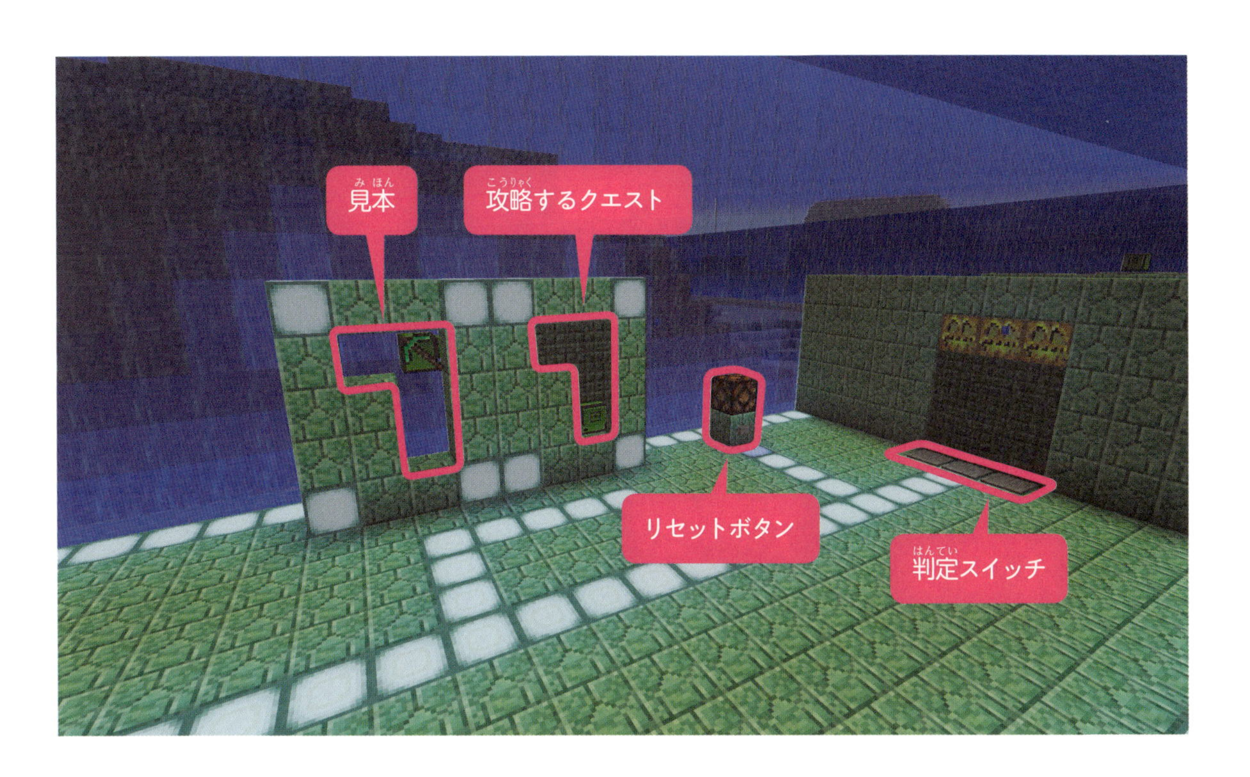

クエスト3 L字においてみよう

見本のブロックと同じかたちにタートルをうごかしてブロックをおいてみよう。

後ろに進みながらブロックをおいていくのが攻略のポイントだよ。

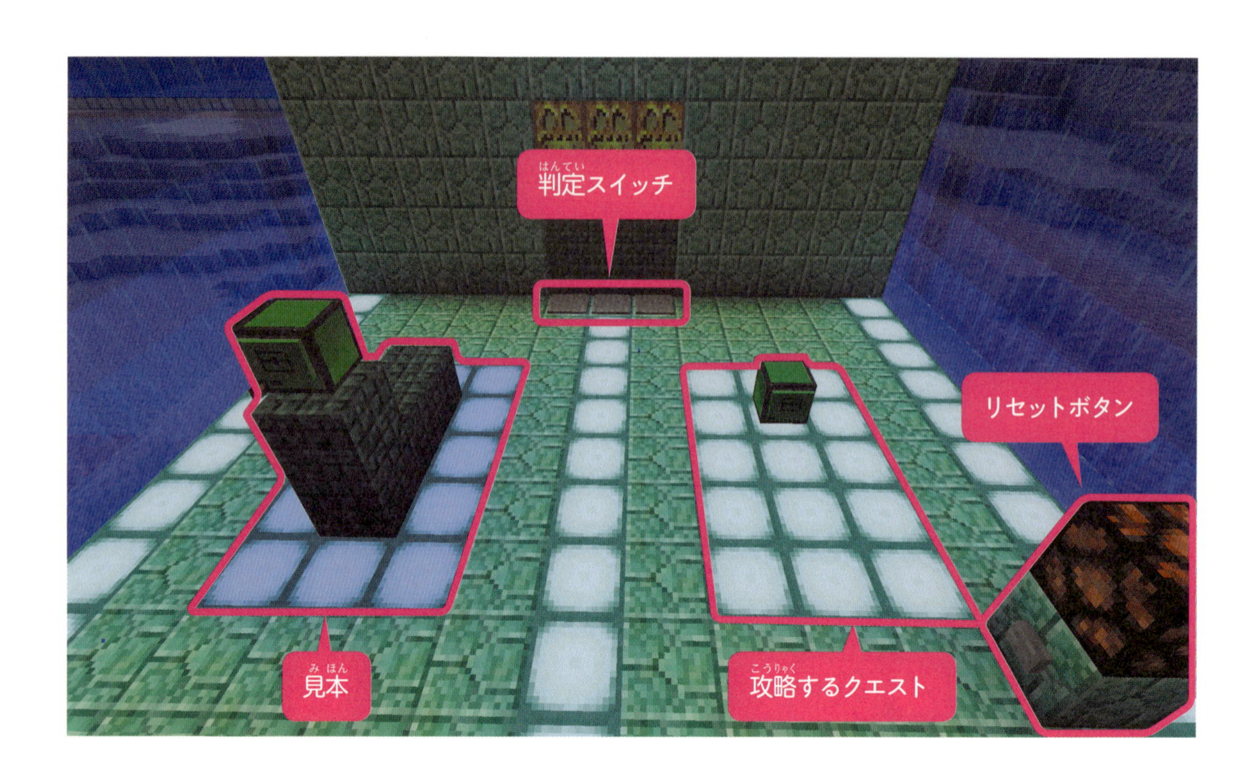

後ろに進みながらおく

おくブロックは右のようなかたちをしているよ。「後ろに進む」「前におく」「上に進む」「下におく」のプログラムを組み合わせてやってみよう。

こたえは ➡ P.154

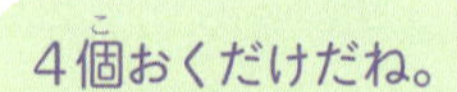

クエスト4 for文でタワーをつくろう

見本のブロックと同じかたちにタートルをうごかしてタワーをつくってみよう。

第2章で勉強したタワーのつくりかたをfor文を使って書いてみよう。

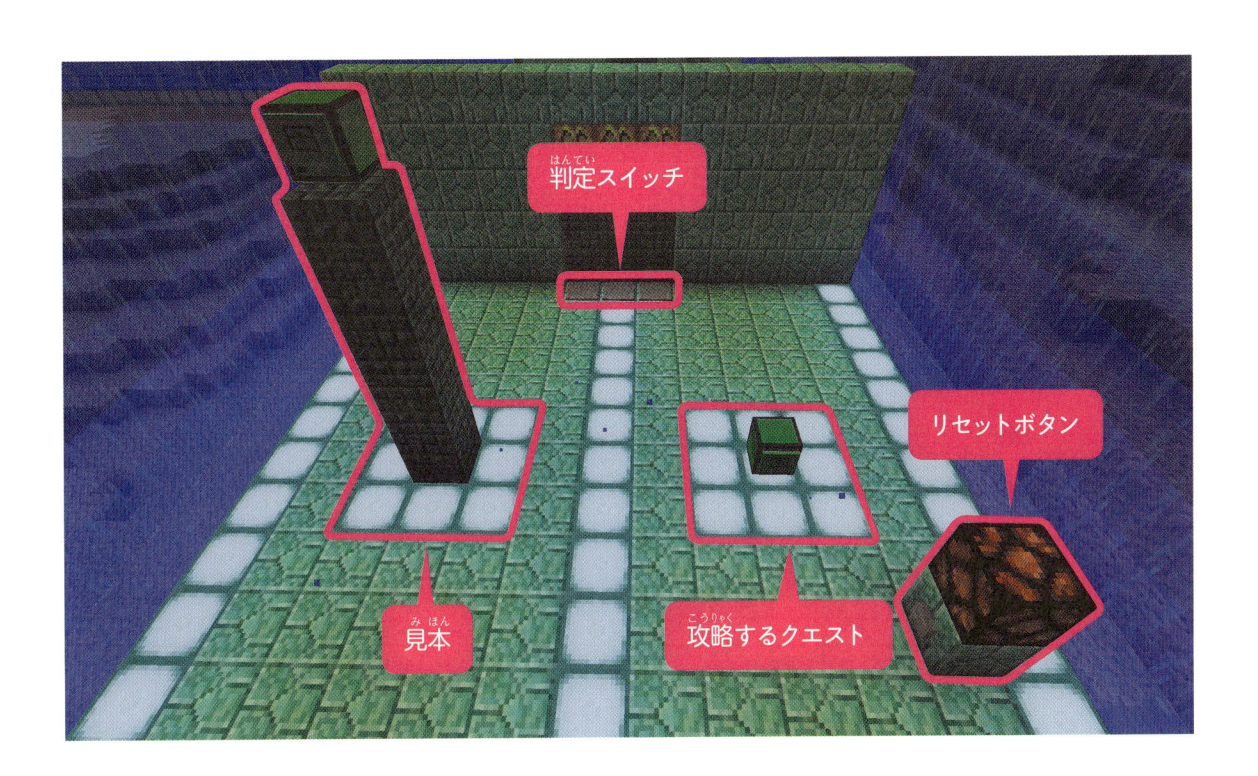

for文を使う

5段のタワーになっているよ。「上に進む」と「下におく」を組み合わせてfor文でくりかえしてみよう。クエストではタートルは最初からブロックをもっているよ。

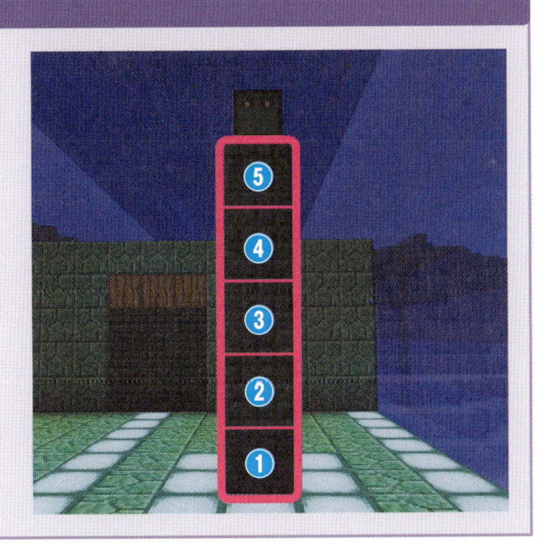

こたえは ➡ P.154

5個のブロックをおくだけ！

 クエスト5 for文でタワーをこわせる？

今度はfor文を使ってタワーをほってみよう。タワーの高さは8段。for文を使ってほるとラクだね。

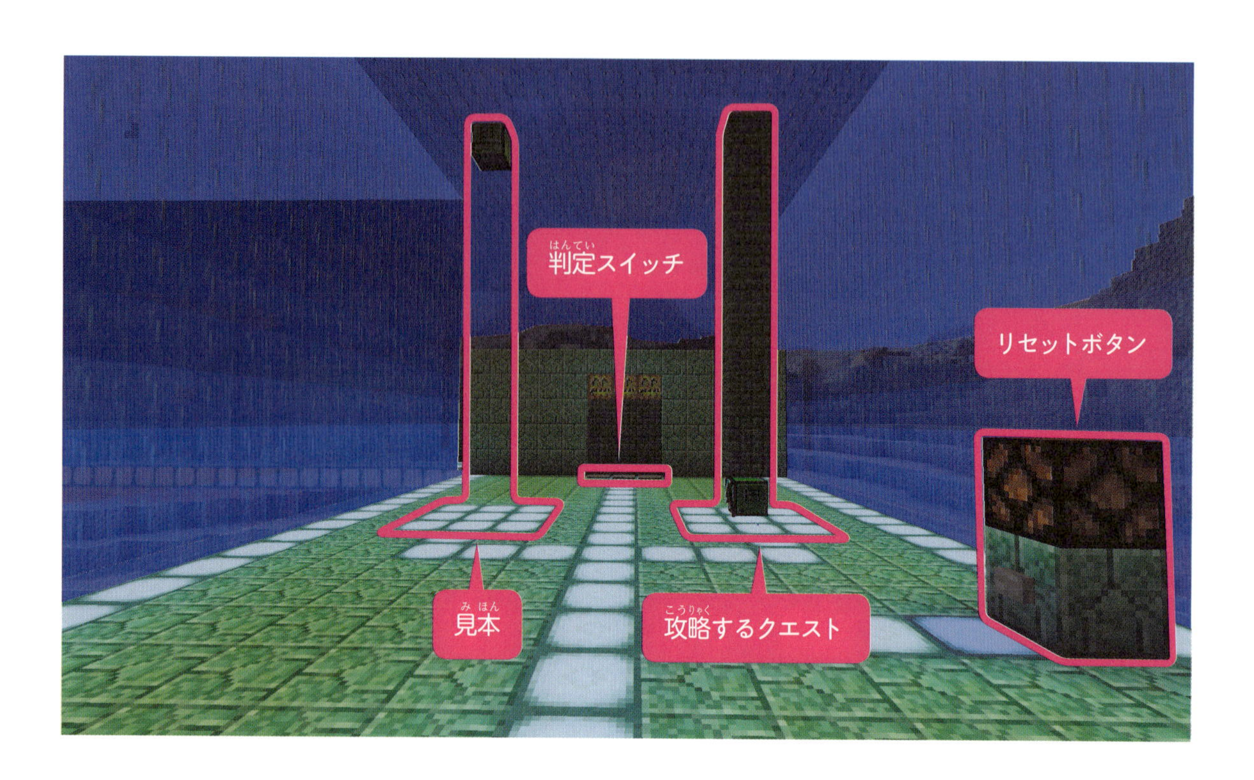

8回くりかえす

上に進みながらタワーをほっていこう。「上をほる」と「上に進む」をfor文でくりかえしてみよう。

こたえは ➡ P.154

つくったのに、こわしちゃうんだ？

クエスト6 かべをつくれるかな？

縦3マス×横5マスのかべをつくってみよう。for文を使いこなせばカンタンにつくれるよ。どのクエストもタートルはおくブロックをもっているからもたせなくてOKだよ。

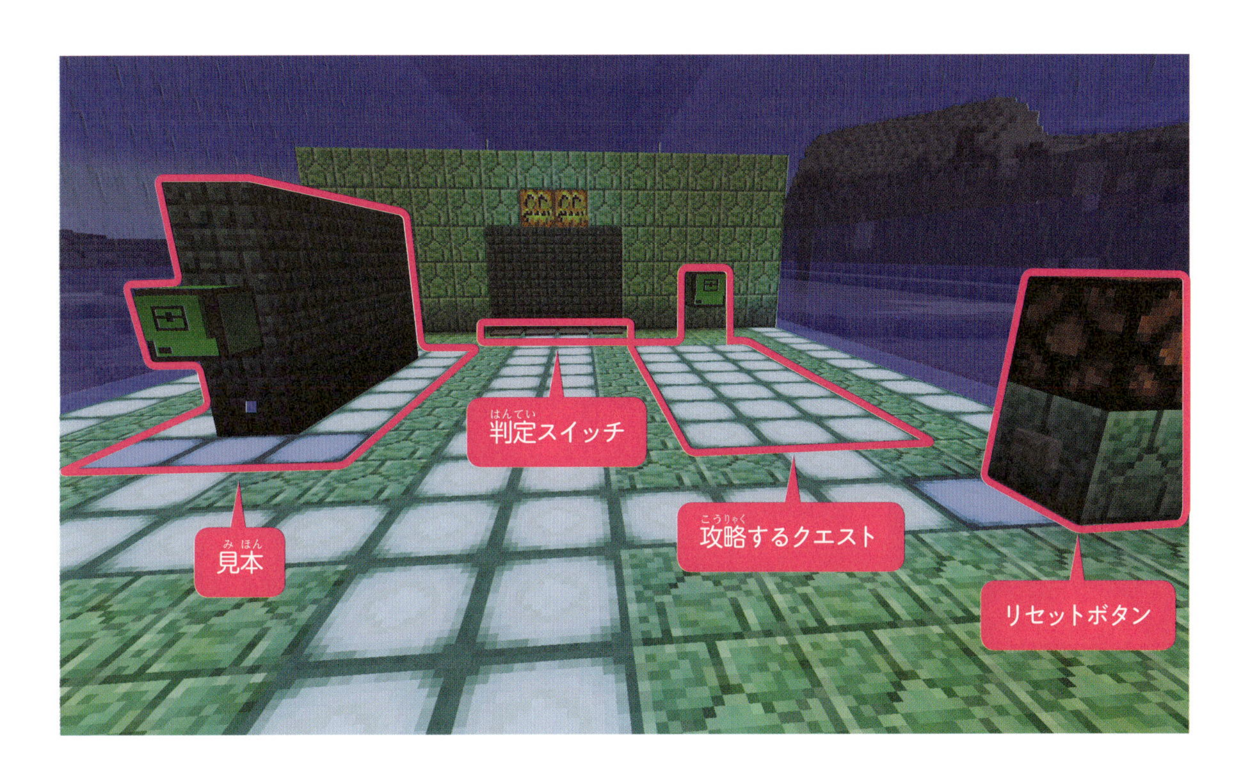

ヒント

ブロックを15個おく

右の図のような順番でおいていこう。
規則性があるのがわかるよね。
1列目の処理を5回くりかえすんだね。

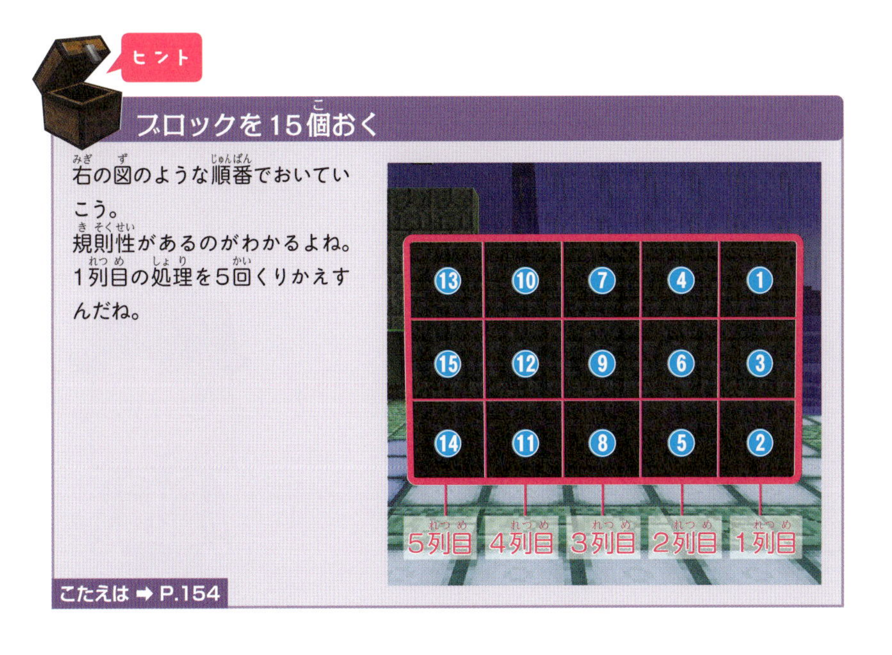

こたえは➡P.154

クエスト7 2本のタワーをつくれるかな？

2本のタワーを一気につくるプログラムを書いてみよう。タートルの向きをくるくる変えていくのが攻略のポイントだよ。

前後におきながら上に進む

タワーの高さは5段！ 前後にブロックをおくうごきを5回くりかえすプログラムを書いてみよう。

こたえは ➡ P.154

クエスト8 穴をうめられる？

タートルを前に進めながら、もし下にブロックがなければ下においていくプログラムを書いてみよう。条件の指定にはif文を使うんだ。

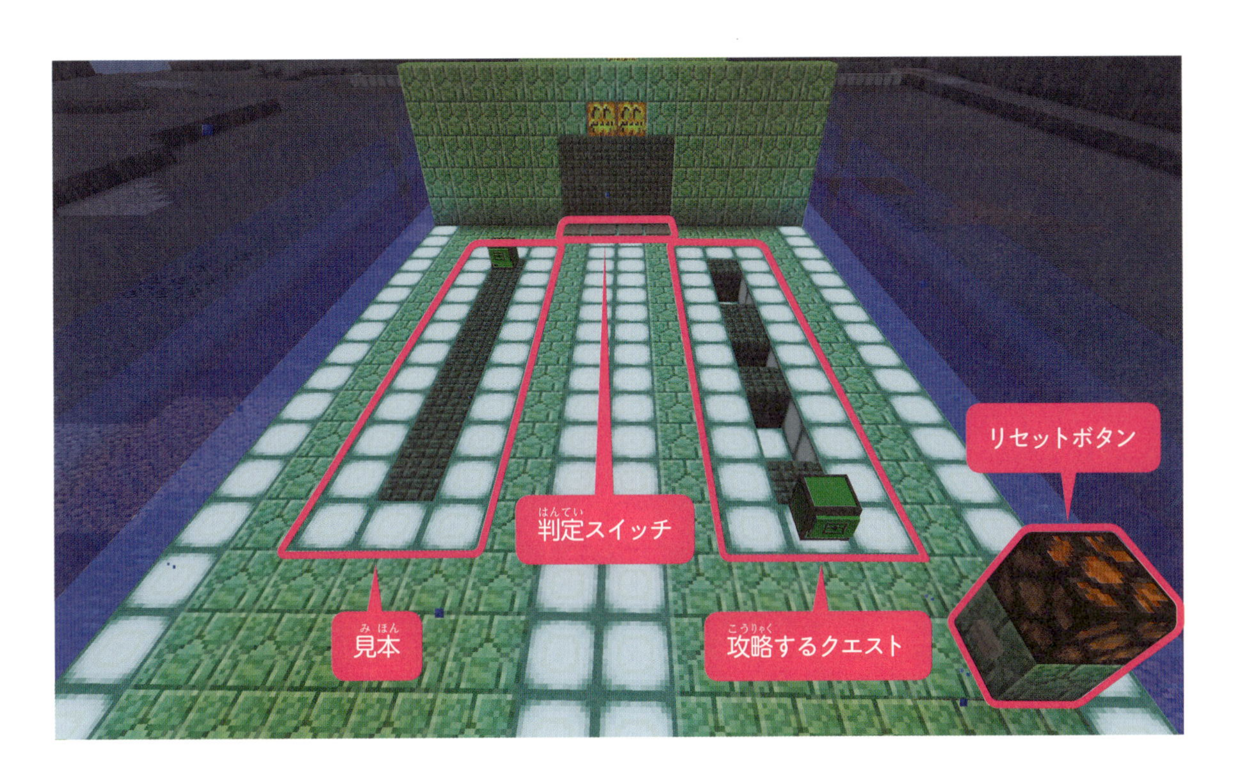

こたえは ➡ P.155

クエスト9 上をほりながら進める？

タートルを前に進めながら、もし上にブロックがあればほって進んでいくプログラムを書いてみよう。条件の指定にはif文を使うんだったね。

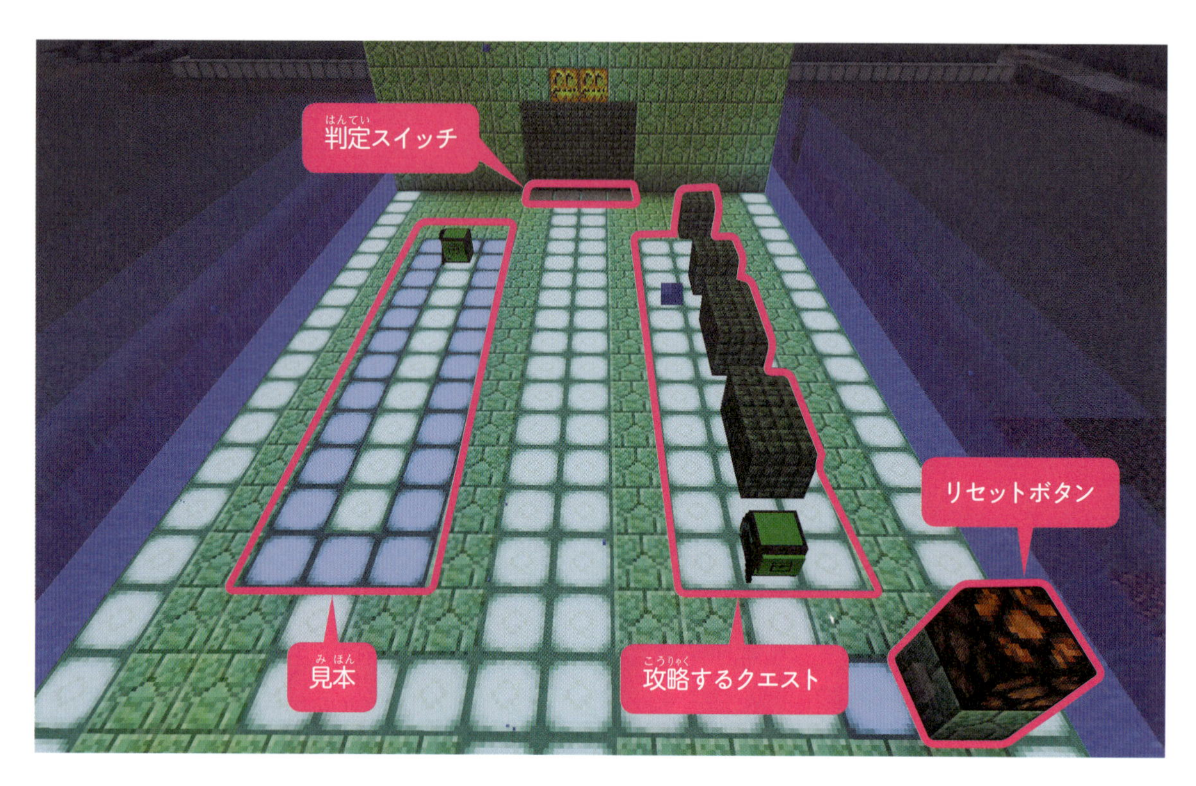

ヒント

上にブロックがあればほる

上にブロックがあるかどうか「上を調べる」プログラムを使って上を調べて、if文で上をほりながら進んでいこう。

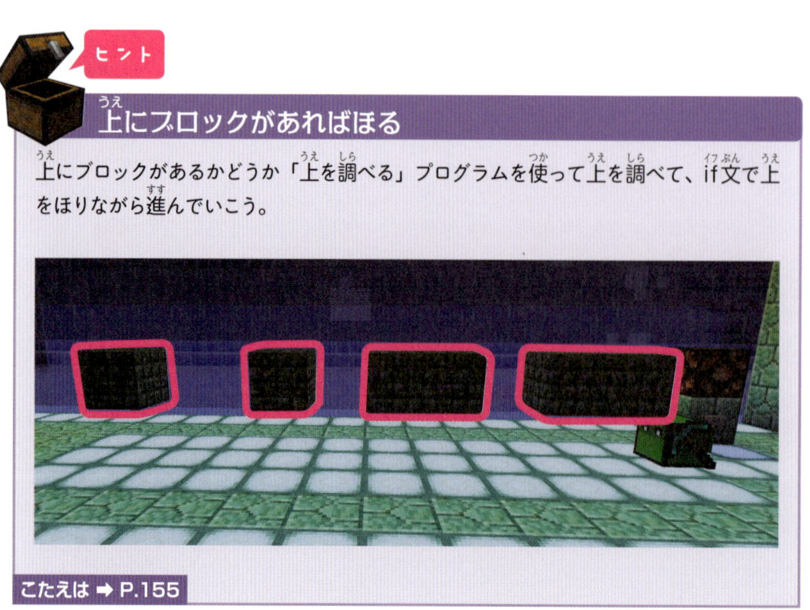

こたえは ➡ P.155

クエスト10 前のブロックをこわせる？

タートルを上に進めながら、もし前にブロックがあればほって進んでいくプログラムを書いてみよう。条件の指定にはif文を使うんだったね。

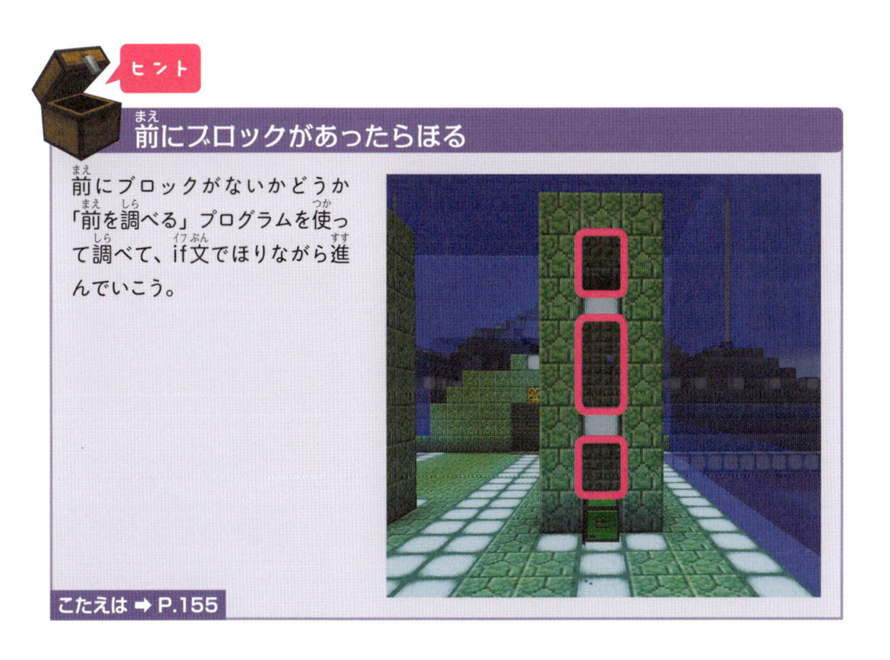

ヒント

前にブロックがあったらほる

前にブロックがないかどうか「前を調べる」プログラムを使って調べて、if文でほりながら進んでいこう。

こたえは ➡ P.155

「ほる」プログラムで穴を広げられるね。

■海底ステージをクリアすると、シークレットステージへのパスワードがもらえる！

砂漠、雪、森のステージですでにゲットしたパスワードを合わせると４つだね。

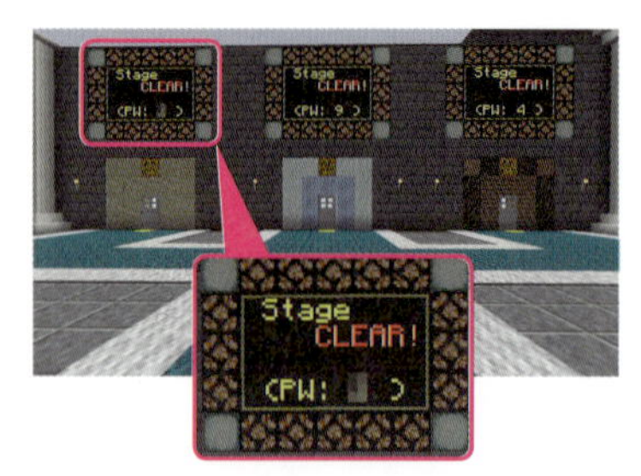

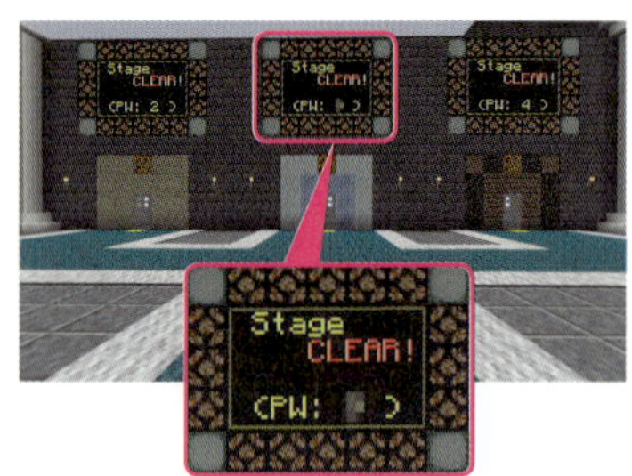

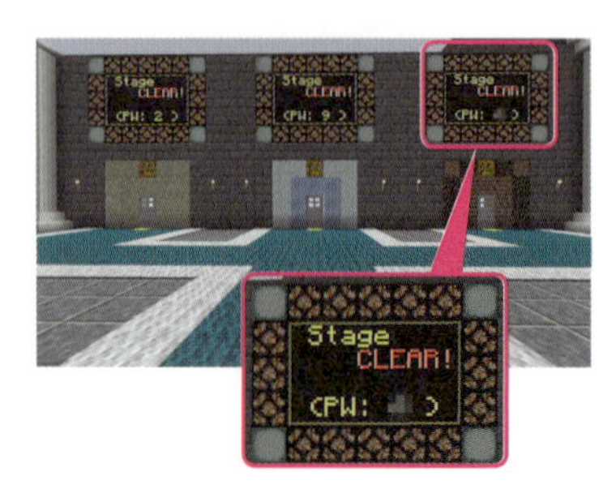

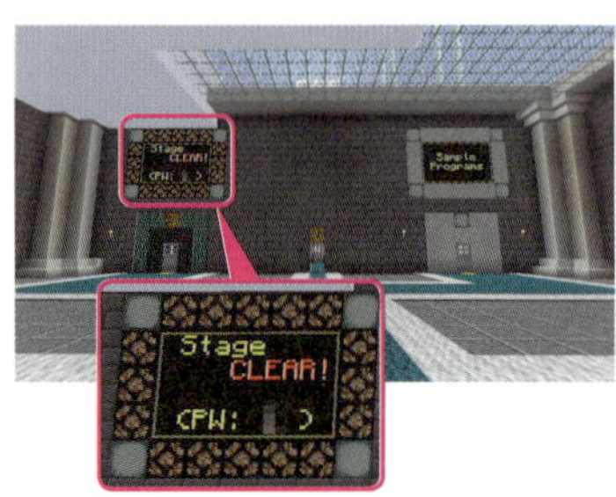

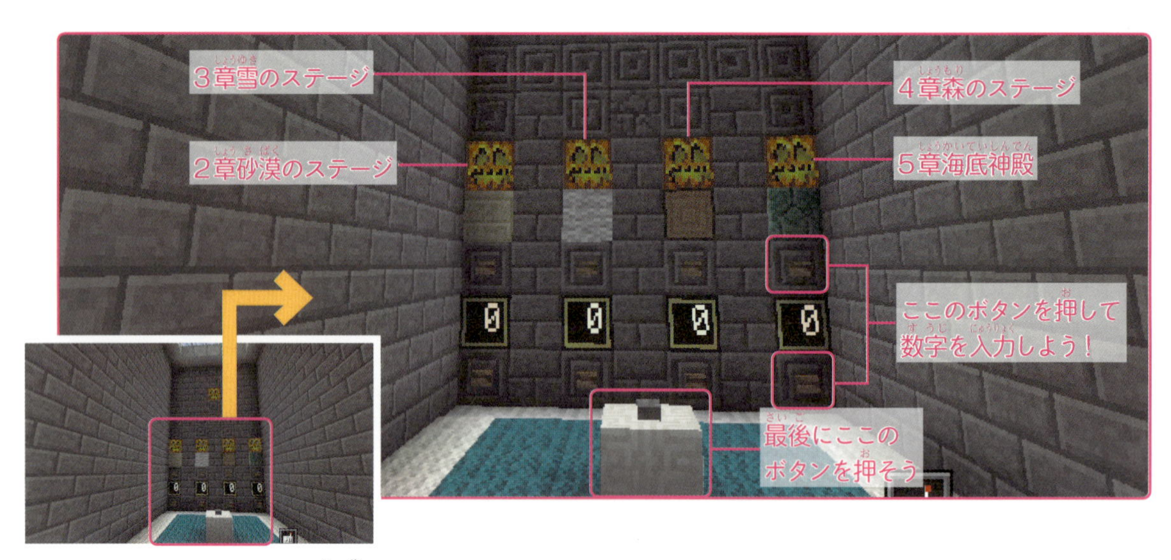

４つのパスワードを、部屋のかべにある上下のボタンを押して、入力しよう！　最後にブロックの上のボタンを押そう！

シークレットステージへのとびらが出現するぞ！

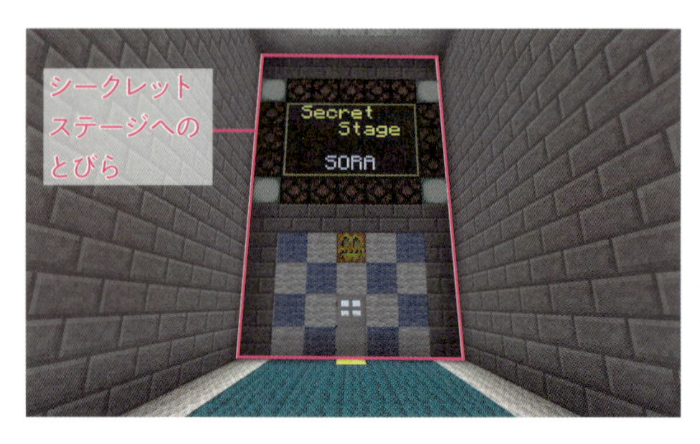

第6章

サンプルプログラムでうでだめし

ここでは、あたらしいプログラムや2つ以上のプログラムを組み合わせたサンプルが登場するよ。実際にうごかすことで、そのしくみを理解できるよ。

おうちの方へ

基本的なプログラミングの知識を得たお子さん向けに、少し応用的な問題を用意しました。新しいコマンドを使ったサンプルや、コマンドを組み合わせたサンプルなども出てきます。

1 「くらべる」と「いう」を使ってみよう 鉱石発見タートル

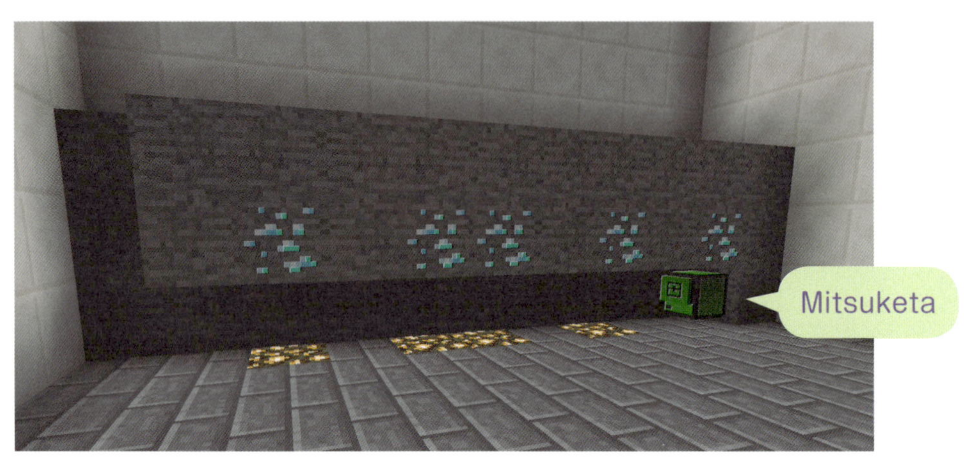

鉱石をタートルが見つけた！

鉱石発見プログラム

このプログラムは、ブロックをタートルのインベントリに入れてタートルをうごかすと、同じブロックを見つけたときに教えてくれるよ。

①タートルがインベントリにもっているブロックと、タートルの上にあるブロックが同じかどうかを調べるif文だよ。

②いろいろなブロックをおくときに使うプログラムだよ。くわしくは次のページで説明するね。

③タートルにしゃべらせるプログラムだよ。

```
for i = 1, 10 do
  turtle.dig()
  turtle.forward()

    if turtle.compareUp() == true then    ①
      turtle.select( 2 )                  ②
      turtle.digDown()
      turtle.placeDown()
      turtle.select( 1 )
      turtleedu.say( "Mitsuketa" )        ③
    end

end
```

鉱石発見プログラム

「くらべる」プログラム

turtle.compare()を使うとタートルがもっているブロックとタートルの前にあるブロックが同じかどうかを調べてくれるよ。

上とくらべる、turtle.compareUp()と下をくらべるturtle.compareDown()があるよ。

タートルが石をもっているとき

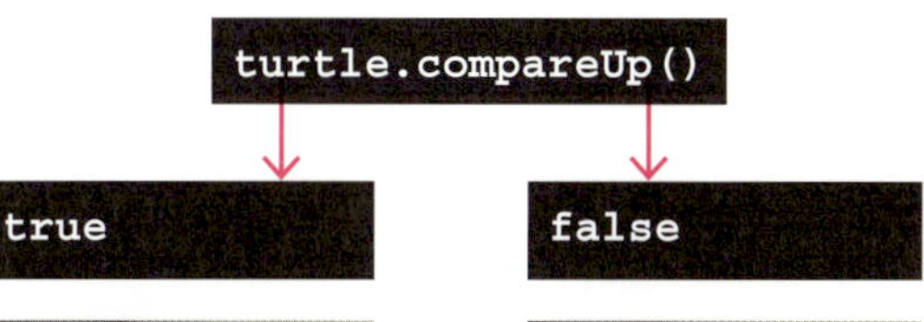

同じならtrue

違うならfalse

「いう」プログラム

タートルにしゃべらせる、「いう」プログラムturtleedu.say(" ")だよ！ "と"の間にタートルにしゃべらせたい内容を書いていこう。sayは英語で「いう」っていう意味なんだ。

```
turtleedu.say("Hello World!")
```

タートルがしゃべったよ！

2 いろいろなブロックをおいてみよう 線路メイカー

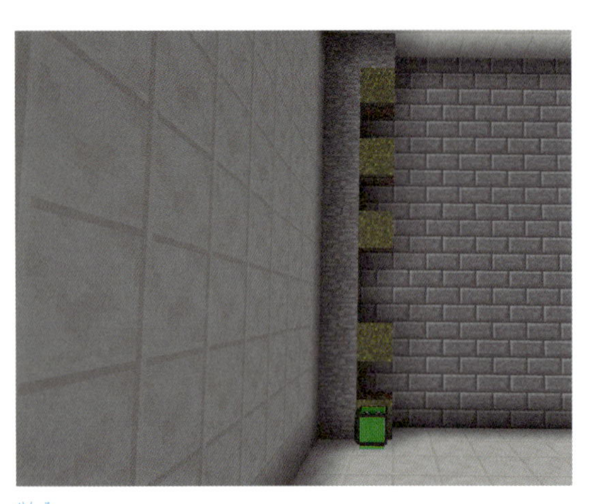

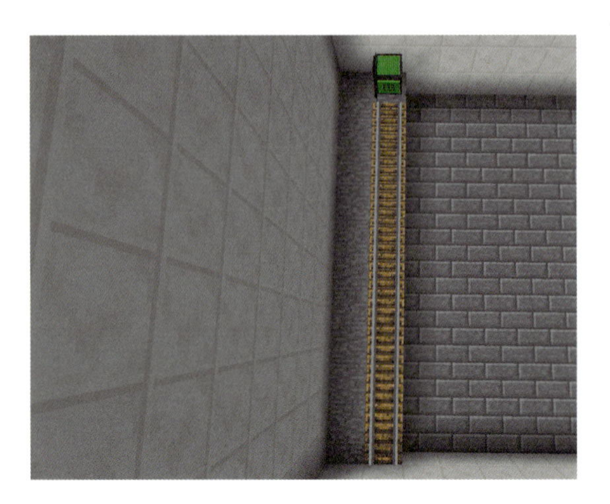

線路をつくるプログラムだ

線路メイカーのプログラム

下にブロックがあるときはほってから、ブロックをおき、線路をつないでいくプログラムだ。ここで活躍するのが「えらぶ」だよ。タートルがもっているブロックからえらぶことができるんだ。

❶下にブロックがあるか調べる。
❷下にブロックがある場合はほる。
❸スロット1をえらぶ。
❹スロット2をえらぶ。

```
for i = 1, 10 do

  if turtle.detectDown() == true then    ❶
    turtle.digDown()                     ❷
  end

  turtle.select( 1 )                     ❸
  turtle.placeDown()
  turtle.up()
  turtle.select( 2 )                     ❹
  turtle.placeDown()
  turtle.forward()
  turtle.down()
end
```

線路メイカーのプログラム

「えらぶ」プログラム

turtle.select()はタートルがもっているものをえらぶプログラムだよ。
turtle.select(○)の○の中に1～16までの数字を入れよう。数字は右のインベントリのスロットの番号に対応しているよ。

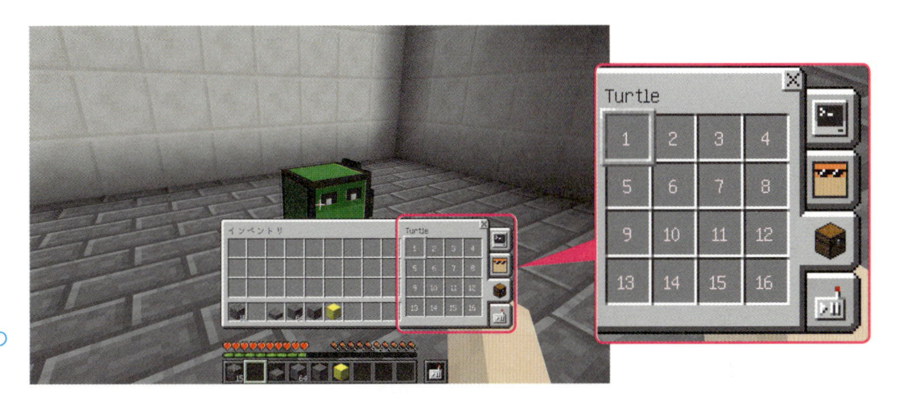

タートルのインベントリの数字はこうなっているよ

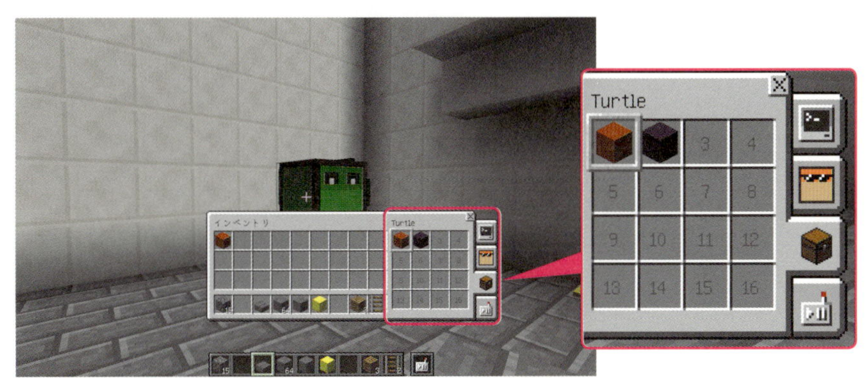

こんなふうにおいたとき

```
turtle.select( 1 )
turtle.placeDown
```

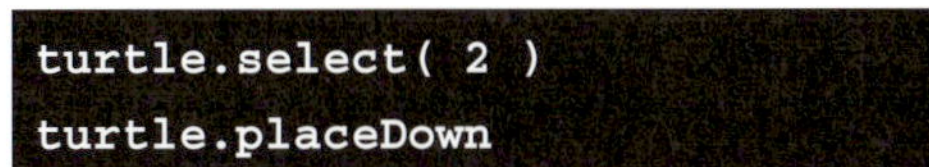

```
turtle.select( 2 )
turtle.placeDown
```

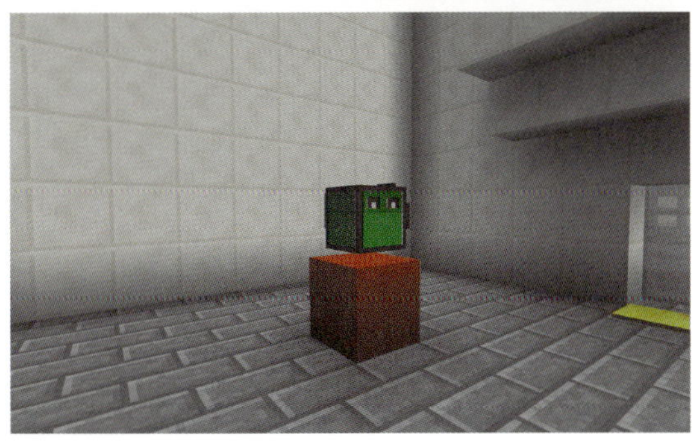

インベントリのスロット番号1のブロックをおくよ！

インベントリのスロット番号2のブロックをおくよ！

3 アイテムを出す、ひろう 焼き鳥マシン

焼き鳥を自動でつくってくれる！

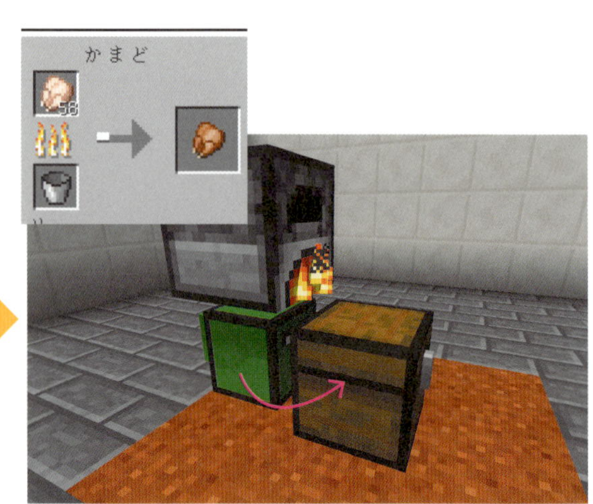

できた焼き鳥をチェストにしまってくれる

焼き鳥マシンのプログラム

生の鶏肉と燃料を入れると自動で焼き鳥をつくってくれるプログラムだよ。タートルがアイテムを出したりひろったりするプログラムを使っているよ。

❶スロット1の生の鶏肉をかまどに入れる。
❷スロット2の溶岩入りバケツを燃料としてかまどに入れる。
❸10秒休む。
❹できた焼き鳥をひろって、前に出してチェストにしまう。

```
turtle.select( 1 )      ❶
turtle.dropDown()       ❶
turtle.back()
turtle.down()
turtle.select( 2 )      ❷
turtle.drop()           ❷
turtle.down()
turtle.forward()
turtle.turnLeft()
for i = 1, 10 do
  sleep( 10 )           ❸

  turtle.suckUp()       ❹
  turtle.drop()         ❹
end

turtle.turnRight()
```

焼き鳥マシンのプログラム

アイテムを「出す」と「ひろう」

　タートルがもっているアイテムを出すturtle.drop()と、アイテムをひろうturtle.suck()のコマンドがあるよ。
それぞれ上に出す、turtle.dropUp()と、下に出すturtle.dropDown()もあるよ。
　そして、上からひろうturtle.suckUp()と、下からひろうturtle.suckDown()もあるんだ。

アイテム集めがはかどるね！

```
turtle.drop()
```

アイテムを前に出す

```
turtle.suck()
```

前のアイテムをひろう

タートルをとめる

　タートルのうごきが速すぎるときはsleep () でとめることができる。sleepは英語で「ねむる」っていう意味だよ。
　かっこの中には休ませたい秒数を入れよう。sleep(10)のように、(と) の間に数字の10を入れると10秒休むよ。

```
turtle.sleep()
```

何もしない

4 「えらぶ」と「おく」を使いこなす ビーコン信号作成タートル

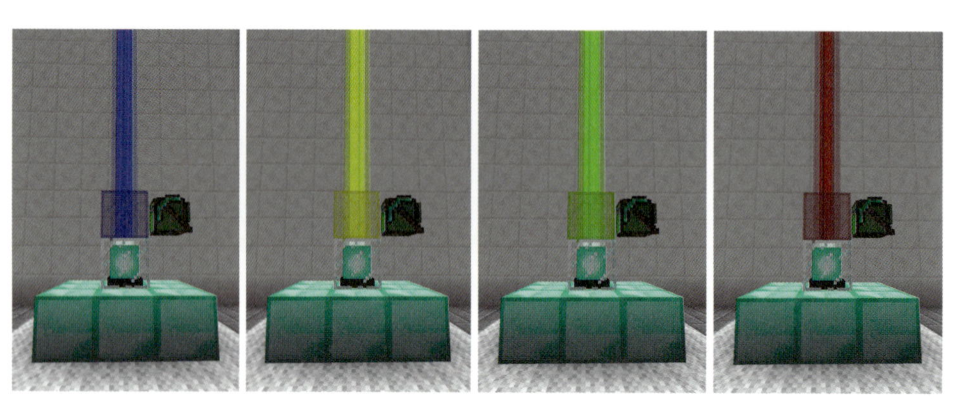

ビーコンの光の色をつぎつぎと変える！

 ビーコン信号作成タートルのプログラム

タートルをうごかすと自動でビーコンの上に色付きガラスブロックをおいて光の色を変えるんだ。色の意味を決めておけば、ほかのプレイヤーに信号を送れるかも？

❶色付きガラスブロックをえらぶ。
❷前にブロックをおく。
❸ブロックをほる。

以降は基本的にこのプログラムをくりかえすよ。ちがうことはスロットの指定だけだよ。

```
for i = 1, 10 do
  turtle.select( 1 )   ――❶
  turtle.place()       ――❷
  turtle.dig()         ――❸
  turtle.select( 2 )
  turtle.place()
  turtle.dig()
  turtle.select( 3 )
  turtle.place()
  turtle.dig()
  turtle.select( 4 )
  turtle.place()
  turtle.dig()
end
```

ビーコン信号作成プログラム

4色の色付きガラスブロックをもっているよ

プログラムでいろいろやってみよう

ビーコンのプログラムみたいに turtle.select() と turtle.place() をいろいろくみあわせればいろんなしくみや建物がつくれるよ！　タートルを使ってアイデアいっぱいのしくみをつくってみよう。

光の色を変えるプログラムをクエストの外でも使ってみたよ

便利そう！

タートルで自動建築

地下室の入り口をプログラムでつくってみたよ

地下室の中。こういった建物もタートルのプログラムでつくれるよ

何回でも同じ建物がつくれるワン！
……ムニャ。

5 タートル+レッドストーン！ ドア開閉プログラム

メモ

自動ドア

あらかじめ自動ドアのしくみはつくってあるよ。ここではドアの開け閉めとその時間をプログラムするよ。

プログラムをうごかすとドアが開く！

5秒後にドアがしまる

自動ドアを動かすプログラム

タートルをうごかすと自動で5秒間ドアが開く、その後自動で閉まるプログラムだよ。

❶タートルを前にうごかす。
❷レッドストーンブロックを下におく。
❸5秒待つ。
❹タートルをうしろにうごかす。

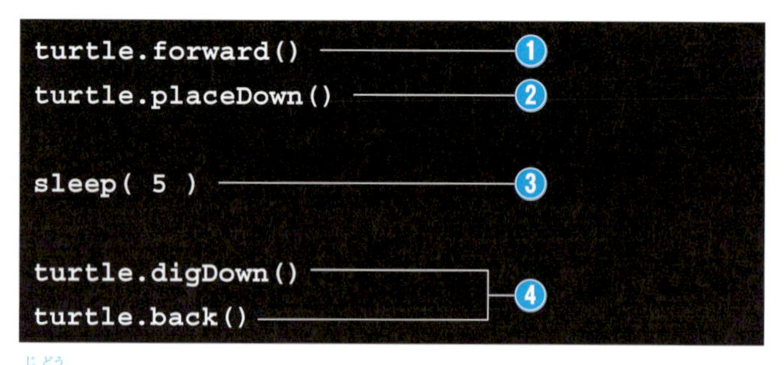

```
turtle.forward()      ❶
turtle.placeDown()    ❷

sleep( 5 )            ❸

turtle.digDown()      ❹
turtle.back()
```

自動ドアプログラム

メモ

レッドストーンって？

レッドストーンとは地中にあるレッドストーン鉱石からつくることのできる電線のようにエネルギーや信号を伝えることができる粉状のアイテムだよ。レッドストーンを9つ集めるとレッドストーンブロックを作れるよ。動力が伝わると赤く光るんだ。

レッドストーン回路とタートルを組み合わせる

タートルにレッドストーンをもたせれば、もっとおもしろいしくみがつくれるよ！

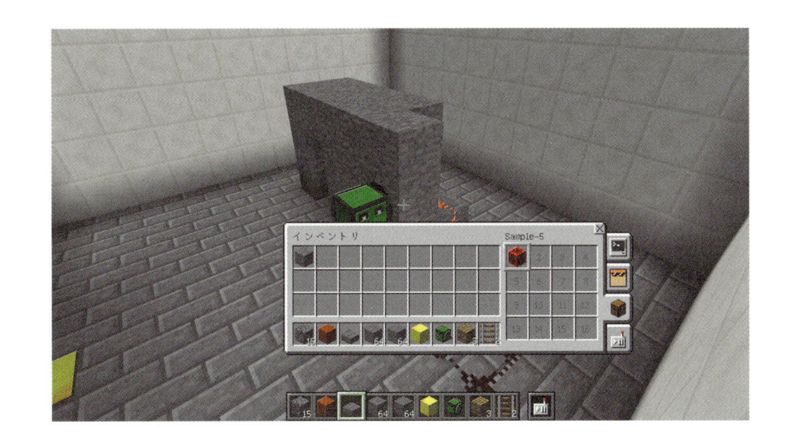

自動ドアのしくみ

タートルがレッドストーンブロックを「下におく」プログラムにするとレッドストーン回路がONになってドアが開くんだ！

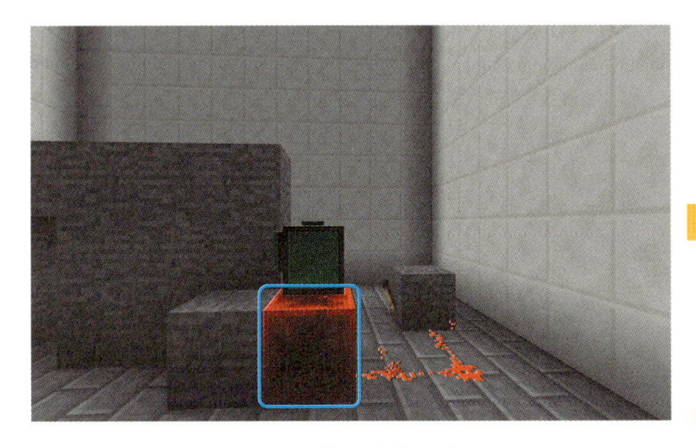

タートルがレッドストーンブロックをおく

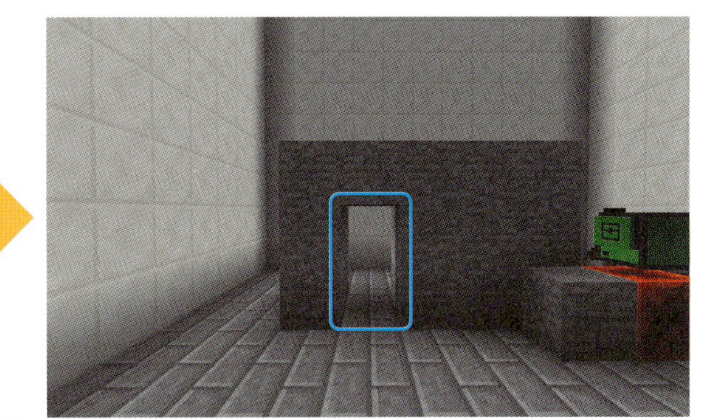

ドアが開く

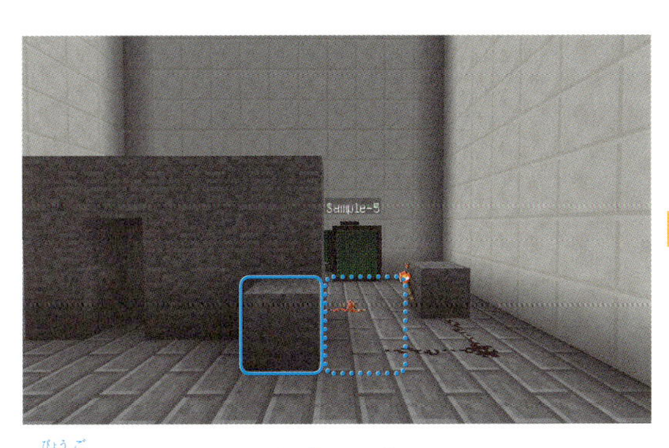

5秒後にレッドストーンをブロックをほる

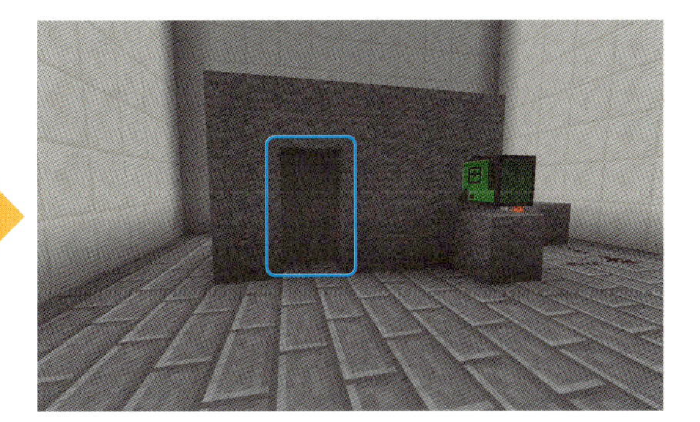

ドアがしまる

6 タートルをたくさんうごかしてみよう！ どうくつプログラム

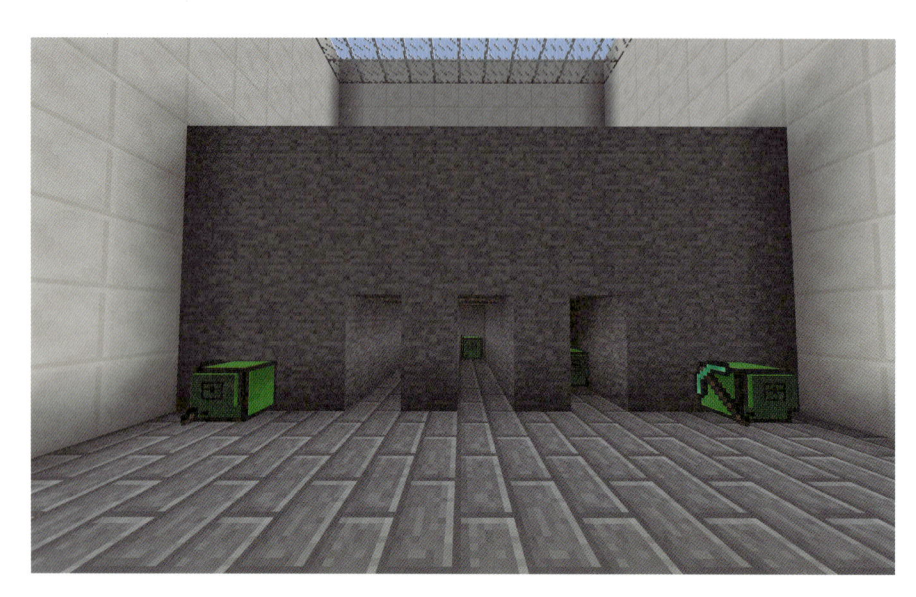

順番にたくさんのタートルをうごかしてみよう

 どうくつをつくるプログラム

トンネルをほって上にブロックをおいていくプログラムだよ。1マスおきに上にグローストーンブロックをおいていくんだ。

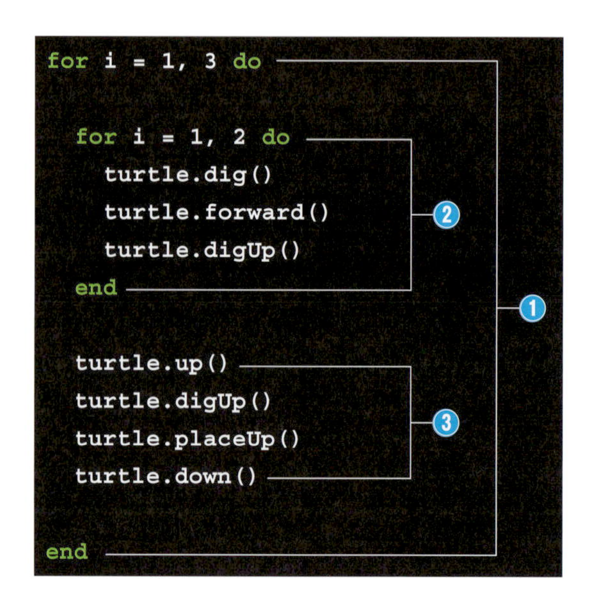

```
for i = 1, 3 do

  for i = 1, 2 do
    turtle.dig()
    turtle.forward()
    turtle.digUp()
  end

  turtle.up()
  turtle.digUp()
  turtle.placeUp()
  turtle.down()

end
```

タートルはグローストーンブロックを3つもっているよ

 for文とどうくつの対応

どうくつプログラムのfor文はできあがったどうくつと、こんなふうに対応しているよ。❷のfor文は2回前と上をほる、❸のプログラムは1マスおきに上にブロックをおく、そして、❶のfor文はこれを3回くりかえすといううごきになっているんだ。

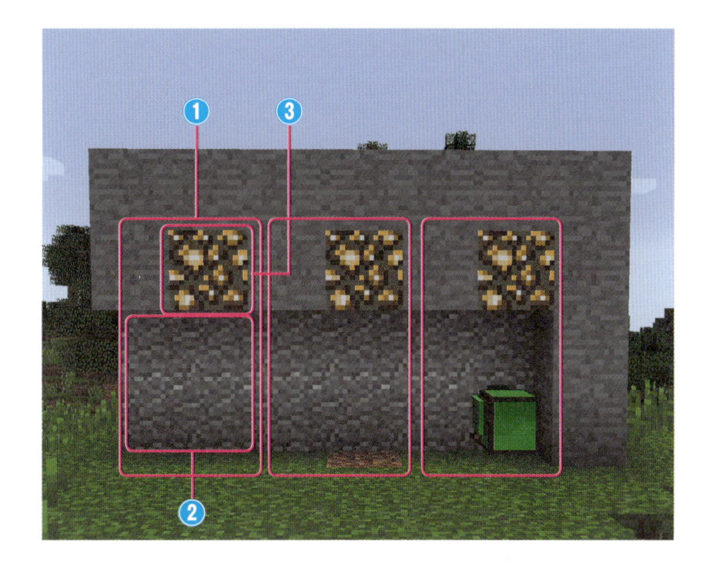

 たくさんのタートルを同じようにうごかしてみよう

順番にたくさんのタートルをうごかすと、同時並行で、いろんなことができるんだ。

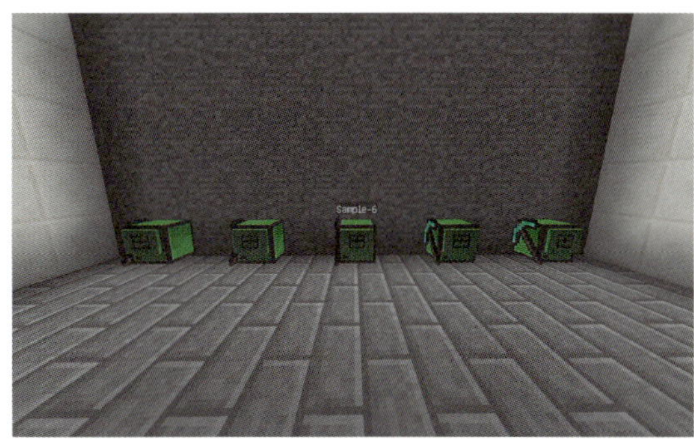

タートルをたくさん用意

「×」ボタンをクリックして閉じるよ

つぎつぎとタートルをうごかしていこう

ロボットの名前はなぜタートル？

世界ではじめて教育用に開発されたともいわれるプログラミング言語LOGOでは、亀（タートル）をうごかして線を描かせるしくみが使われていたんだ。それでComputer CraftEduでもロボットのことをこのLOGOと同じタートルって呼んでいるんだ。

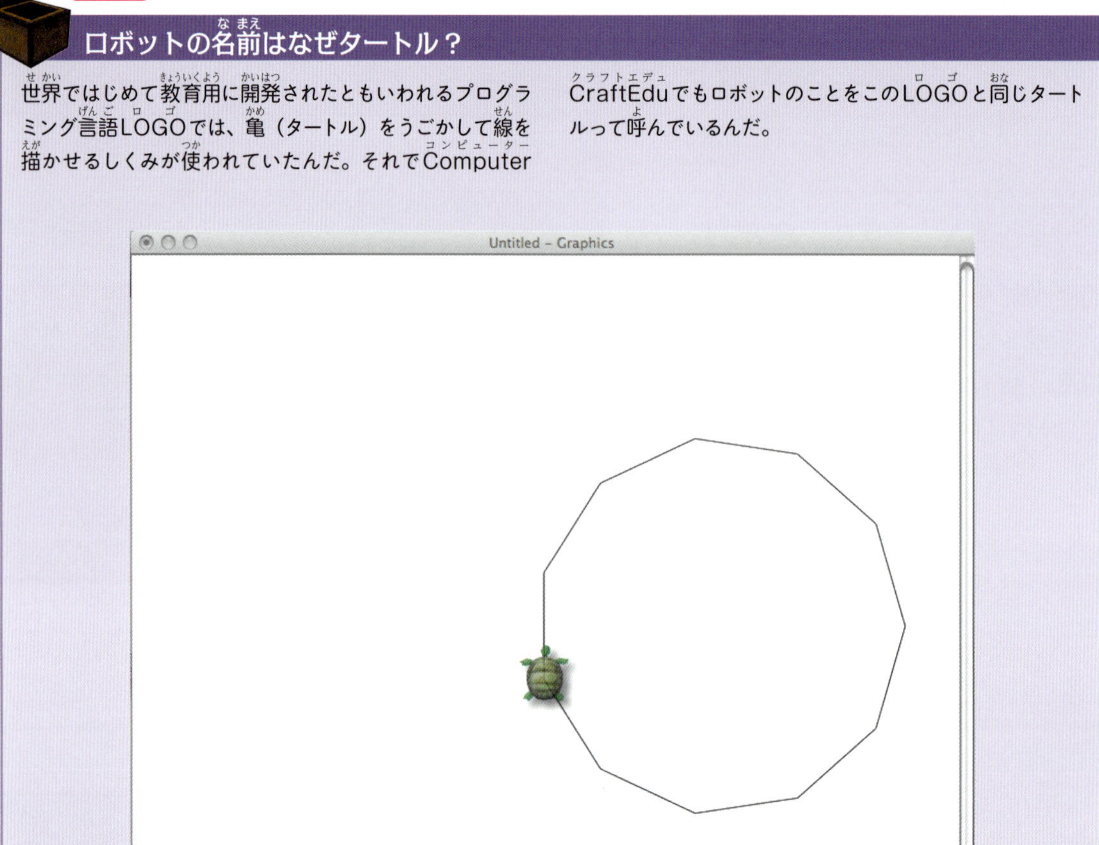

タートルグラフィックス

第7章

ラストクエストに挑戦だ！

ここまでのおさらいとして、10問のクエストを用意したよ！　ここまでの知識を利用してじっくり考えれば、解けるはず！　がんばってチャレンジしてみよう！

おうちの方へ

ラストクエストは見本を見て、「どのようにプログラムすれば、同じものができるのか」を自身の力で考えてもらえるよう、あえてヒントは多くしていません。お子さん自身で考えて、実行する力をつけることができます。

ラストクエストにチャレンジ!
空のクエストを攻略せよ!

天空に浮かぶクエストに挑戦!
今まで学んだことを組み合わせて
難しい問題にチャレンジだ!

スタート!

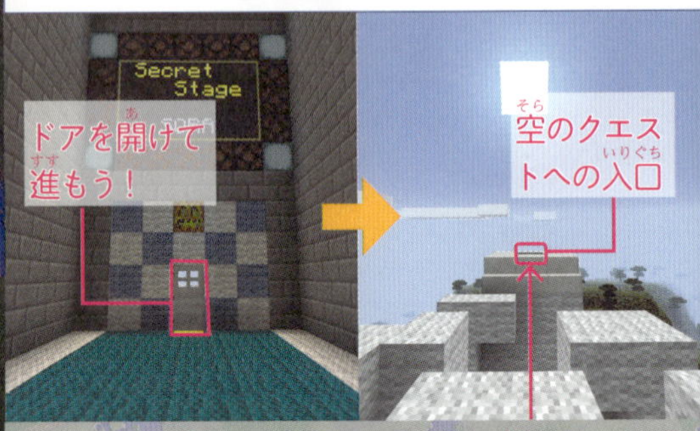

パスワードを入力（P.114）するとドアが現れるぞ!
ドアの奥の穴に飛び込もう!

クエスト1 ➡P.132

クエスト2 ➡P.133

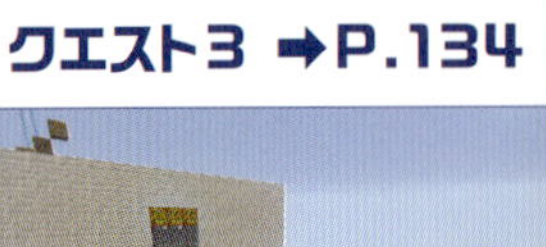
クエスト3 ➡P.134

クエスト4 ➡P.135

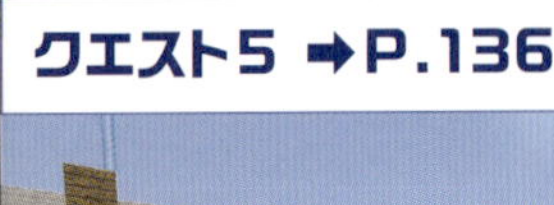
クエスト5 ➡P.136

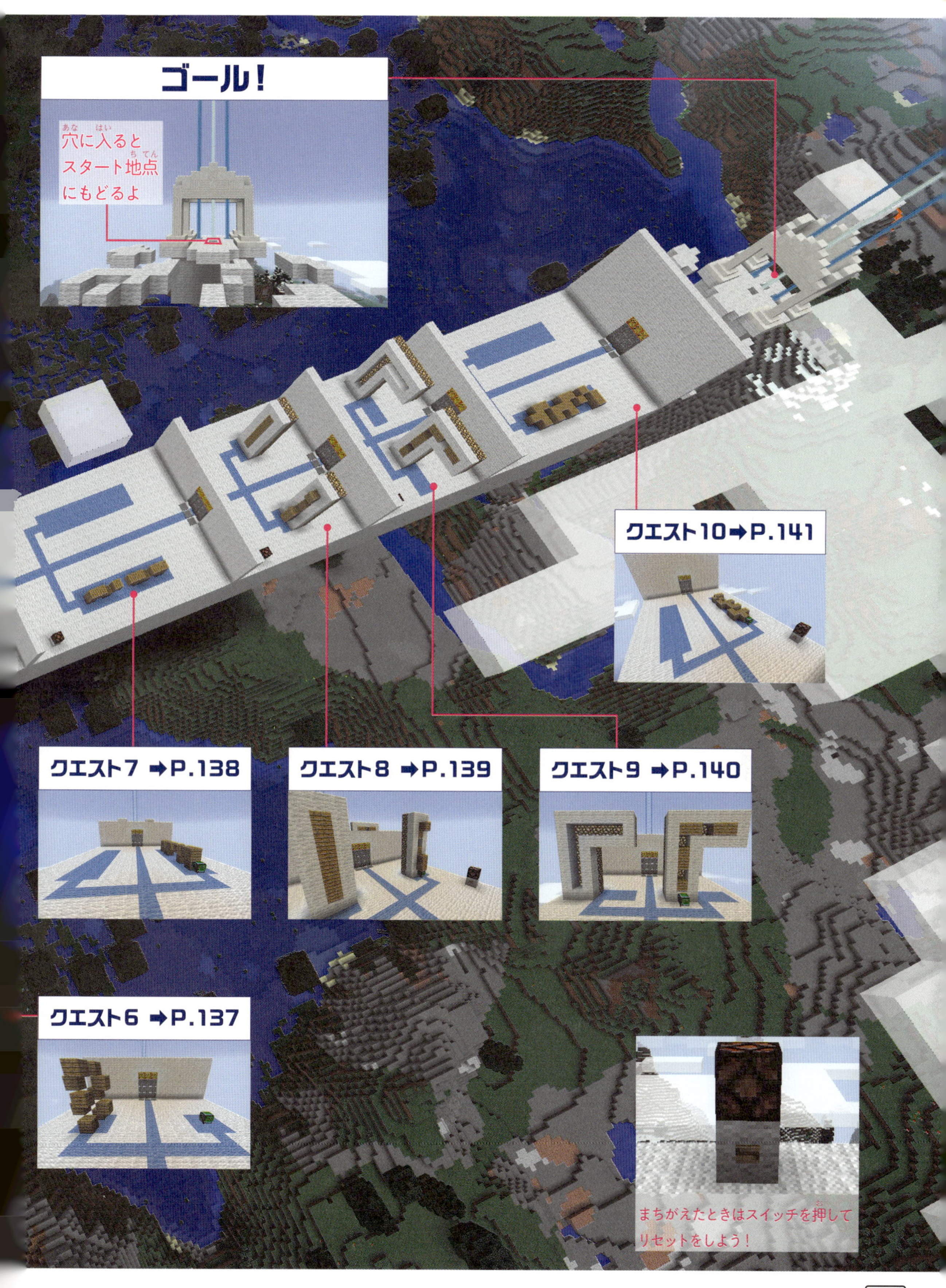

ゴール！
穴に入るとスタート地点にもどるよ
クエスト10➡P.141
クエスト7 ➡P.138
クエスト8 ➡P.139
クエスト9 ➡P.140
クエスト6 ➡P.137
まちがえたときはスイッチを押してリセットをしよう！

クエスト1 逆U字にうごかしてみよう！

上下左右の好きな方向にタートルをうごかせるようになっているかな？ 最初のタートルの向きに注意してね。

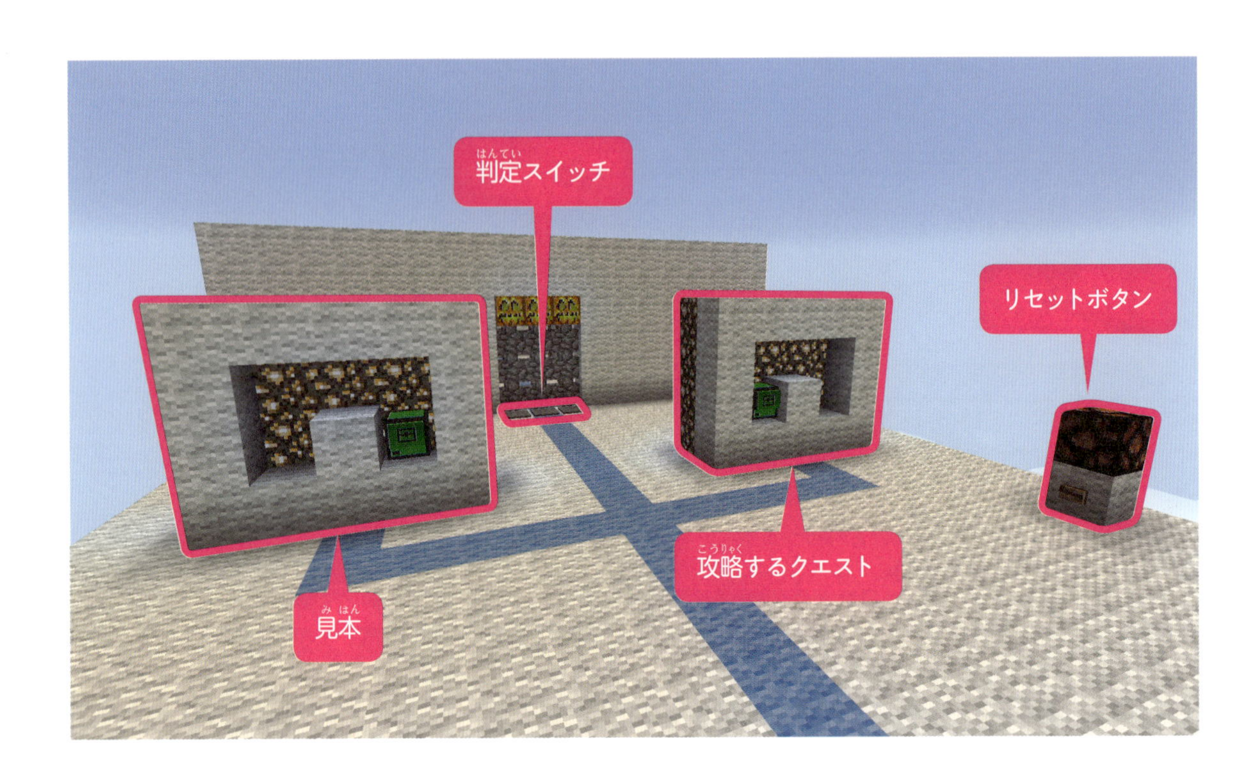

タートルの向きを考えてうごかそう

タートルの向きをきちんと理解すればタートルを左右にうごかすのもカンタンなんだ。移動に使うプログラムを思い出してみよう！

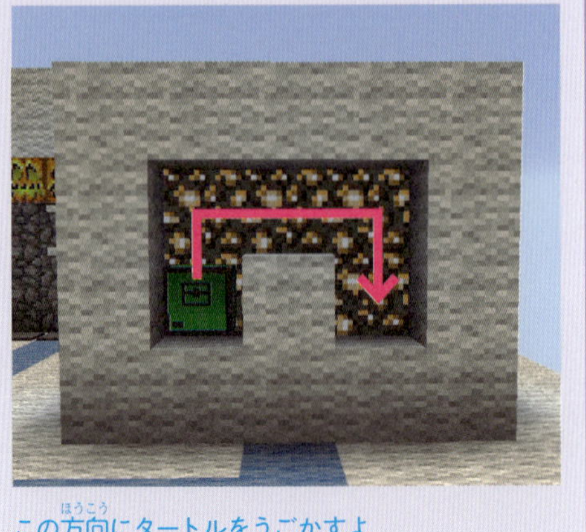

この方向にタートルをうごかすよ

こたえは ➡ P.156

クエスト2 木のブロックを全部ほってみよう

木のブロックになっているところをほってみよう。タートルのうごきだけでなく、タートルの「ほる」プログラムも使いこなせるようになっているかな？

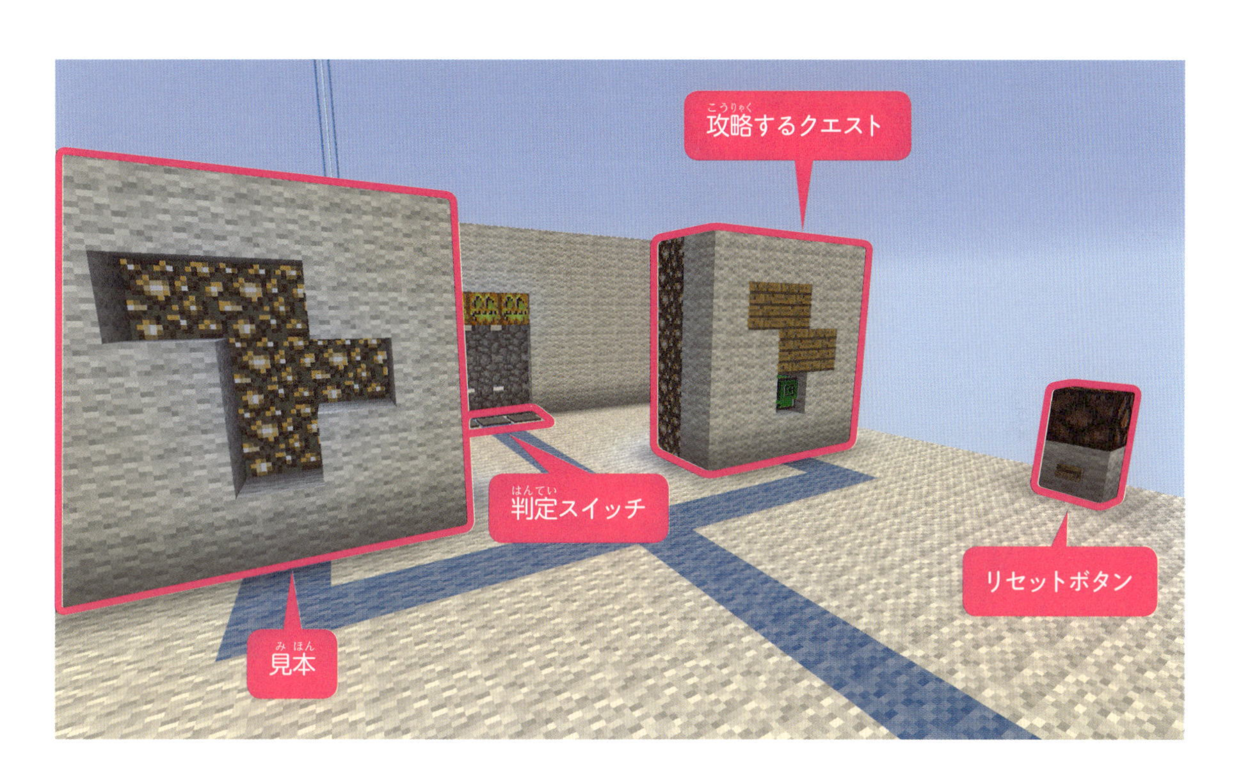

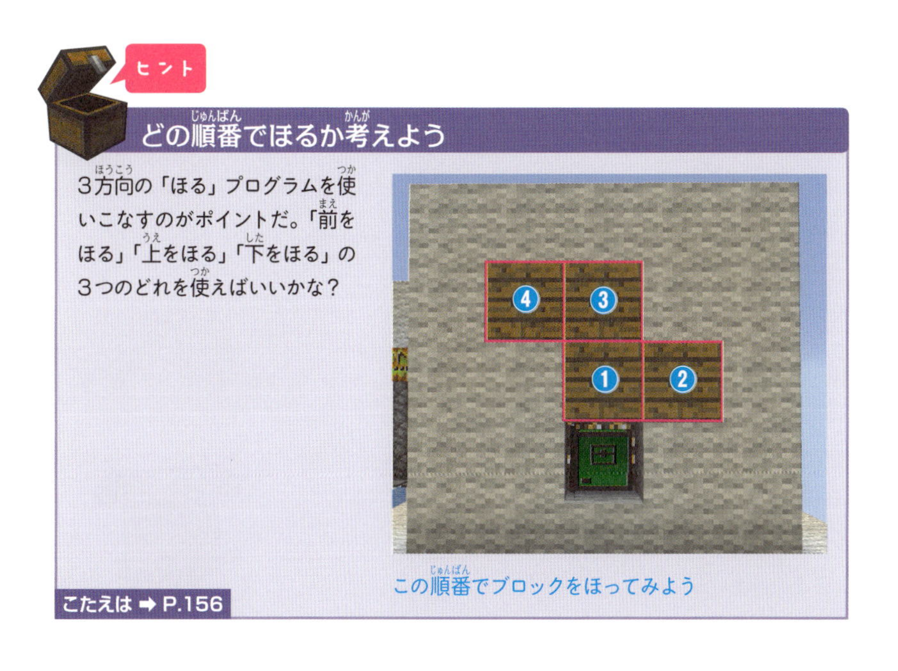

こたえは ➡ P.156

クエスト3 T字にブロックをおけるかな？

ブロック4個を使ってTのかたちにおいてみよう。「おく」をうまく使いこなせるようになっているかな？

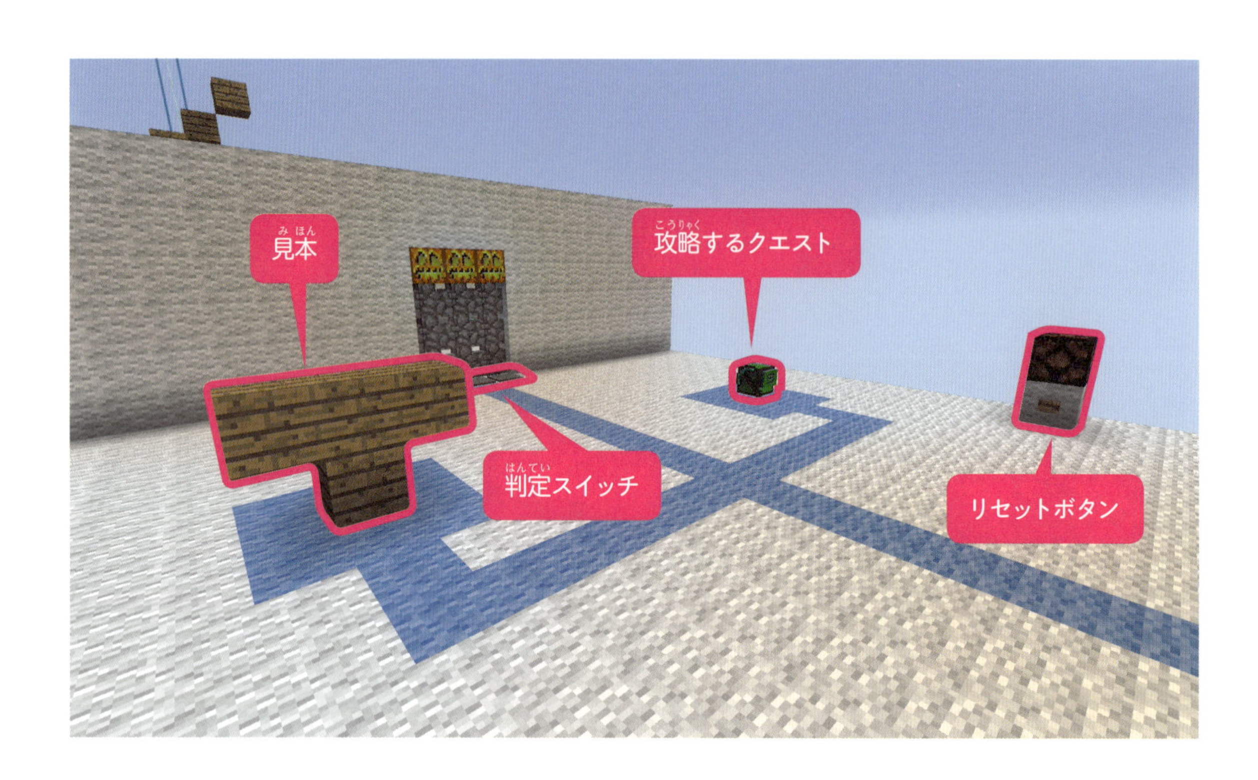

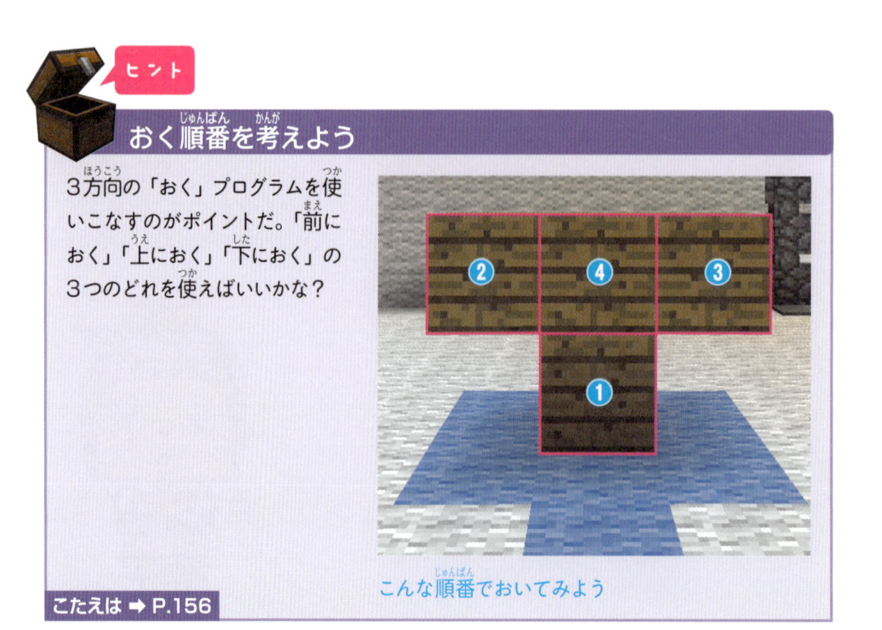

おく順番を考えよう

3方向の「おく」プログラムを使いこなすのがポイントだ。「前におく」「上におく」「下におく」の3つのどれを使えばいいかな？

こんな順番でおいてみよう

こたえは ➡ P.156

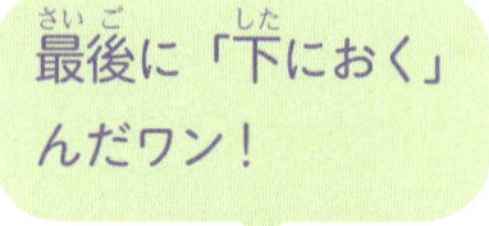

クエスト4 ブロックでらせんをつくれるかな？

らせん状にブロックをおいていこう。タートルはそのまま上に進んでいくだけでいいんだ。どうやってつくればいいかな？

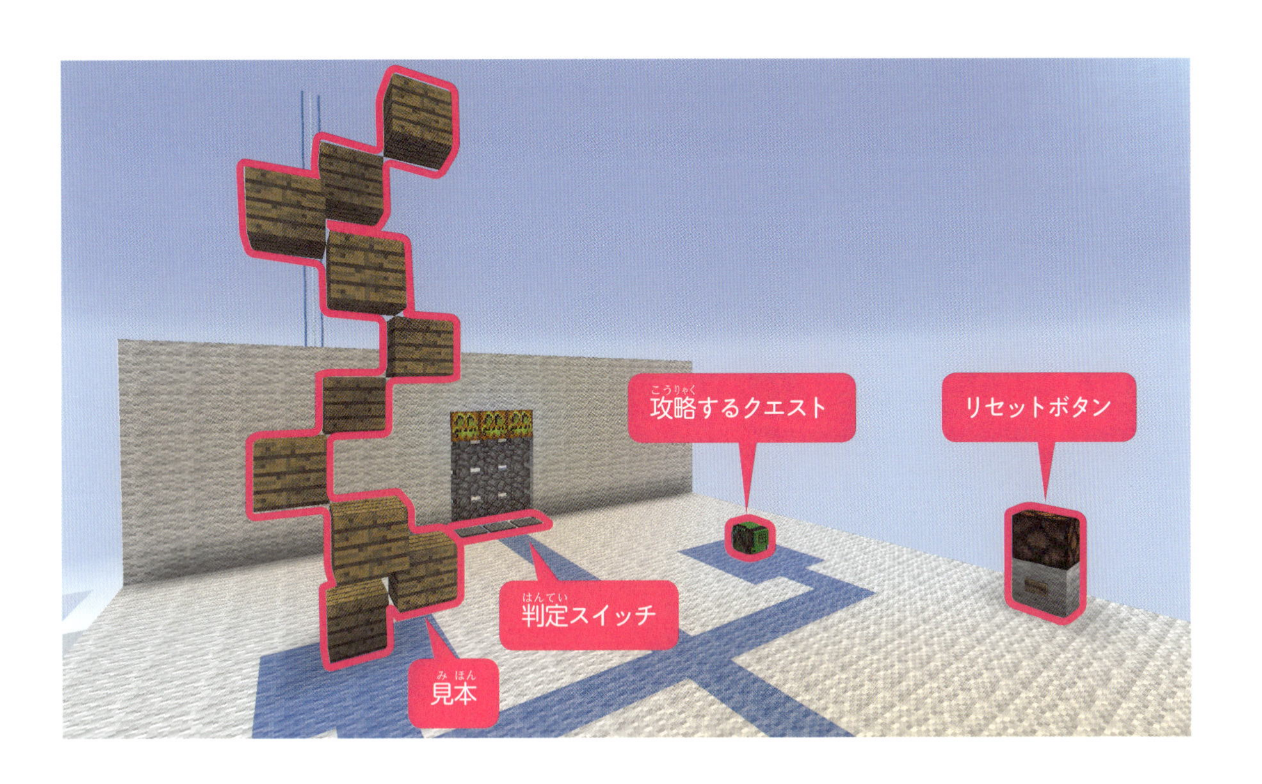

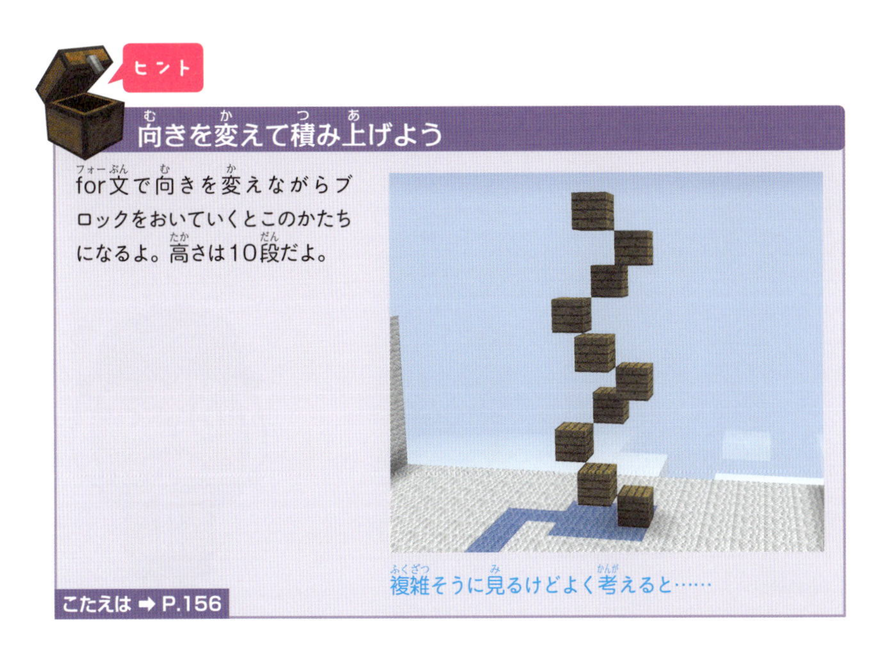

ヒント

向きを変えて積み上げよう

for文で向きを変えながらブロックをおいていくとこのかたちになるよ。高さは10段だよ。

複雑そうに見るけどよく考えると……

こたえは ➡ P.156

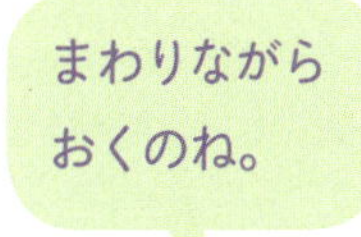

クエスト5 前に後ろにおけるかな？

1段目はタートルの前に、次の段では後ろにブロックをおきながら進んでいくプログラムを書いてみよう。

ヒント

タートルの向きを2回変える

後ろにブロックをおくにはタートルの向きを2回変えて後ろを向かせる必要があるよ。

この順番にブロックをおいていくよ

こたえは ➡ P.156

クエスト6 前後左右におけるかな？

最初の段はタートルの前と後ろに、次の段では最初のタートルから見て右と左の場所にタートルをおいていくプログラムを書いてみよう。高さは5段。for文で5回くりかえすプログラムでやってみよう。

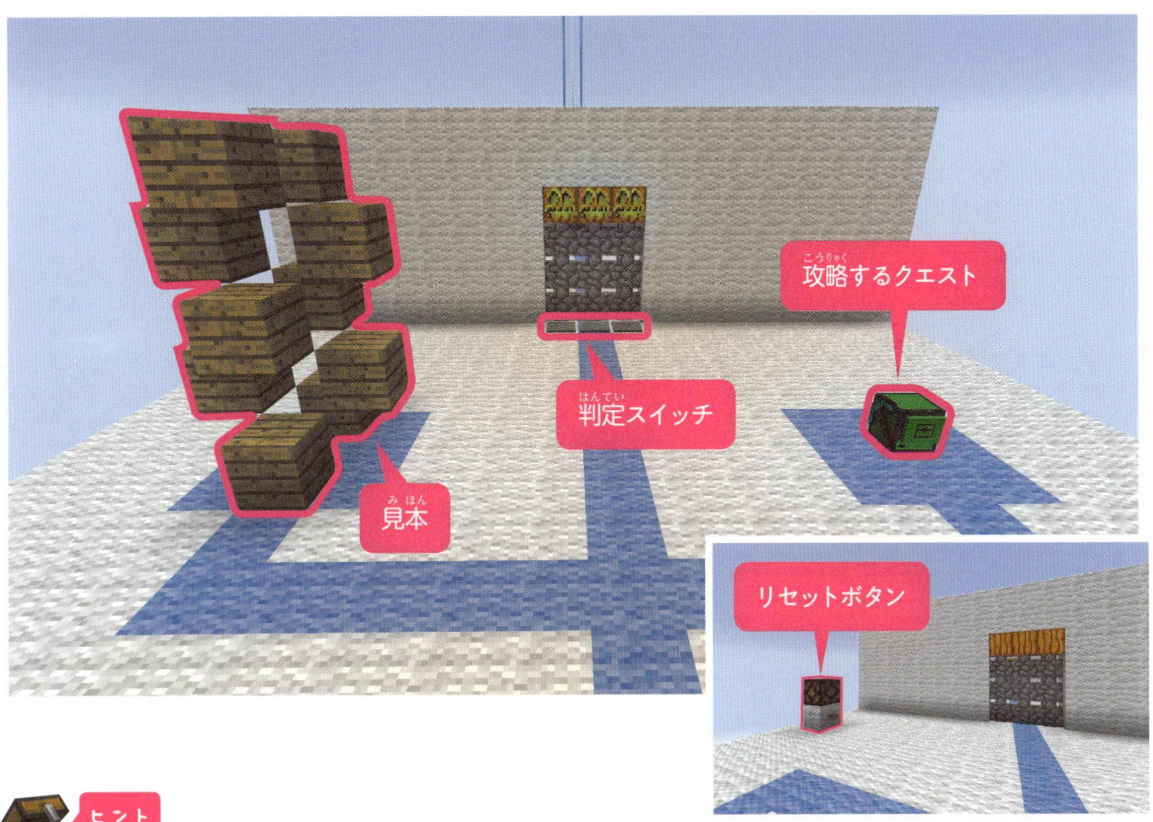

前後左右においていこう

次の段に進むときに、「上に進む」と「右（左）を向く」をセットにしてプログラムしてみよう。後ろにおくためには、後ろを向こう。後ろを向くには「右を向く」か「左を向く」を2回すればいいんだ。

基本はタートルの前と後ろにおくプログラム！

こたえは ➡ P.156

変なかたちだね？

クエスト7 2段の整地プログラム

タートルの前と上を整地しながら進んでいくプログラムを書いてみよう！　ブロックがあるか、ないかを調べるif文にして、ブロックがあるときだけほるプログラムにしてみてね。

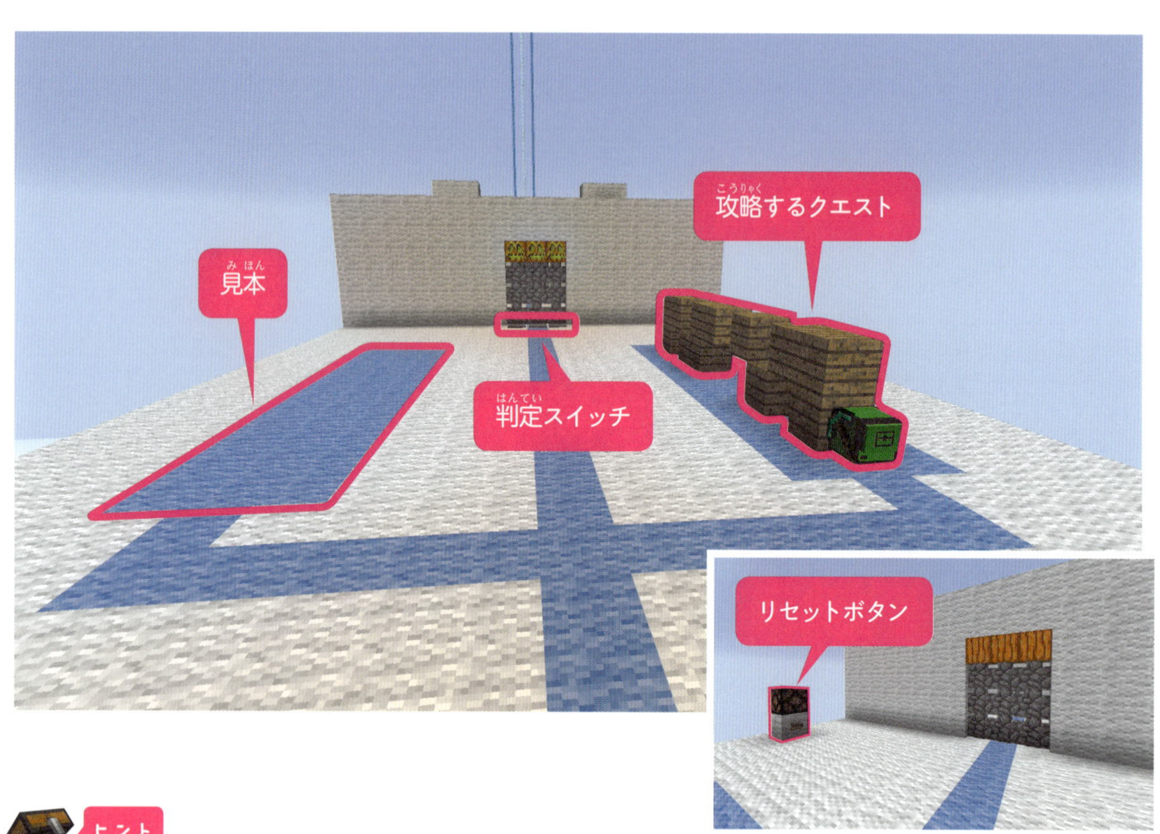

if文とfor文を組み合わせる①

2つのif文「もしタートルの前にブロックがあったら前をほる」「もしタートルの上にブロックがあったら上をほる」そして、「前に進む」をセットにしてfor文でつくってみよう。

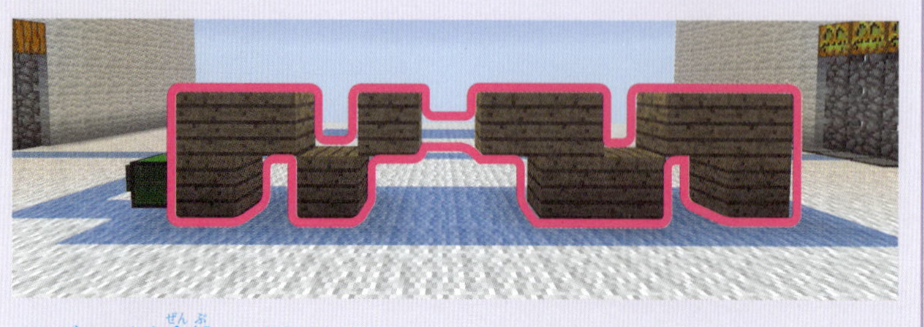

このブロックを全部ほるようにしよう

こたえは ➡ P.157

まずは「前をほる」？

クエスト8 タテ方向に整地できるかな？

これまで勉強してきたことを使ってタテ方向に整地していくプログラムを書いてみよう！ 上にブロックがあったらほって進む、そして前にブロックがなかったらブロックをおいていくプログラムを書いてみよう。

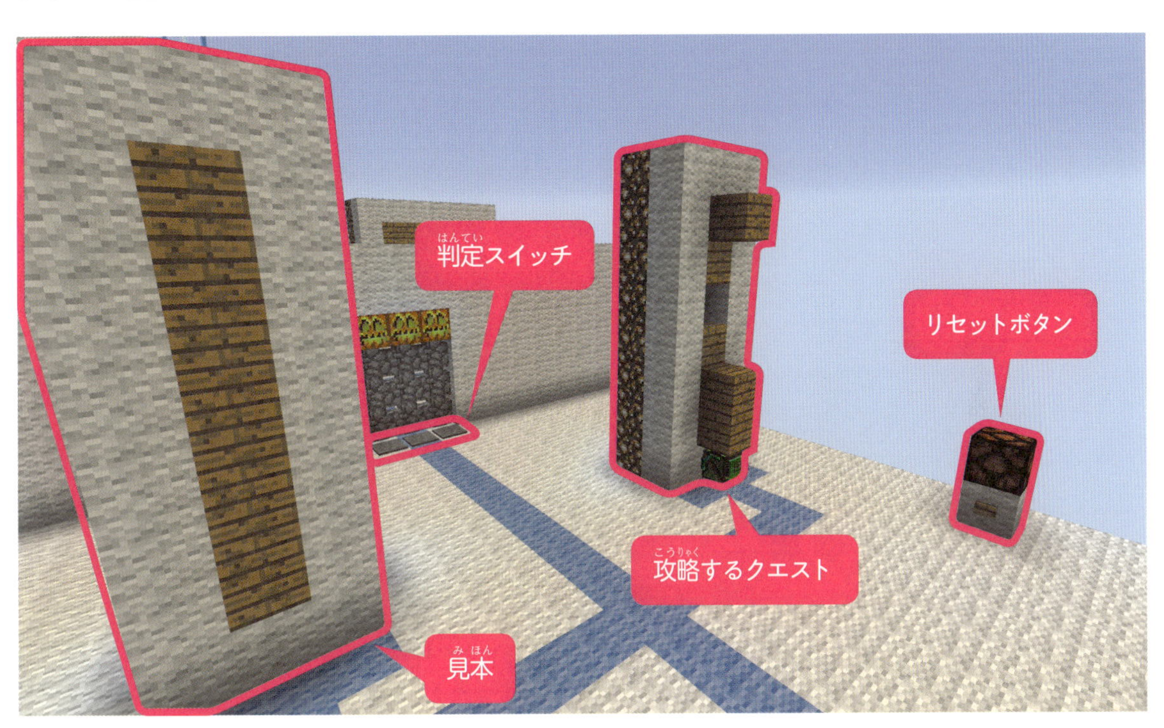

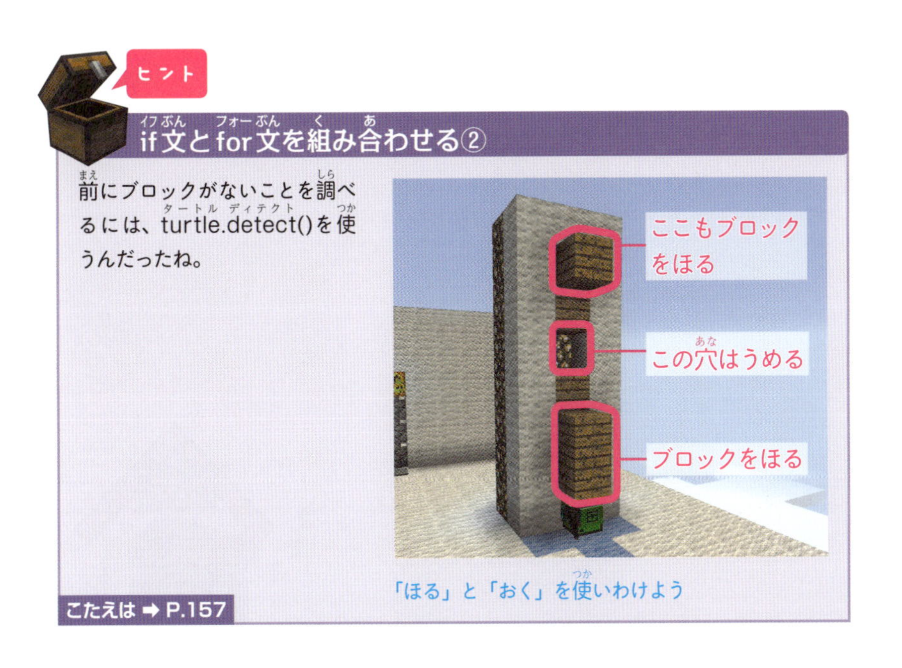

if文とfor文を組み合わせる②

前にブロックがないことを調べるには、turtle.detect()を使うんだったね。

「ほる」と「おく」を使いわけよう

こたえは ➡ P.157

クエスト9 タテに調べて、ヨコに調べて

曲がったかたちにおいてあるブロックを全部ほるプログラムを書いてみよう。上に進みながらほっていくのはカンタンだけど……？

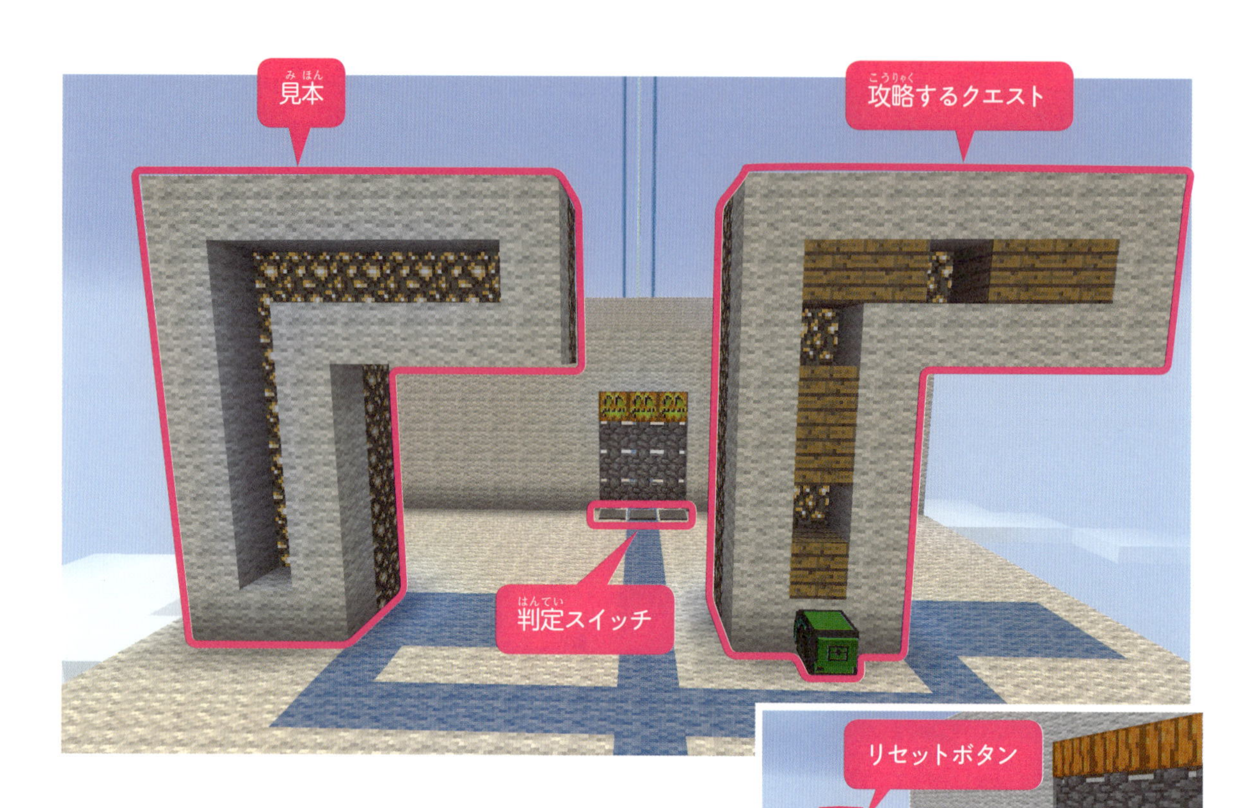

ヒント

進みながら別のうごきをする方法を考えよう

横に進みながらブロックがあるかないかを調べるには、タートルの向きを毎回左右にうごかして進んでいかないといけないね。右に進むときは「右を向く」→「前に進む」→「左を向く」このセットのうごきをくりかえそう。

上に5マス、右に5マスならんでいるよ！

こたえは ➡ P.158

じっくり考えてみるワン！……ムニャ。

クエスト10 ファイナル！　スーパー整地プログラム

タートルの前にあるブロックを全部いっきにほってきれいにするスーパー整地プログラムをほかのページを見ないで１から書いてみよう！

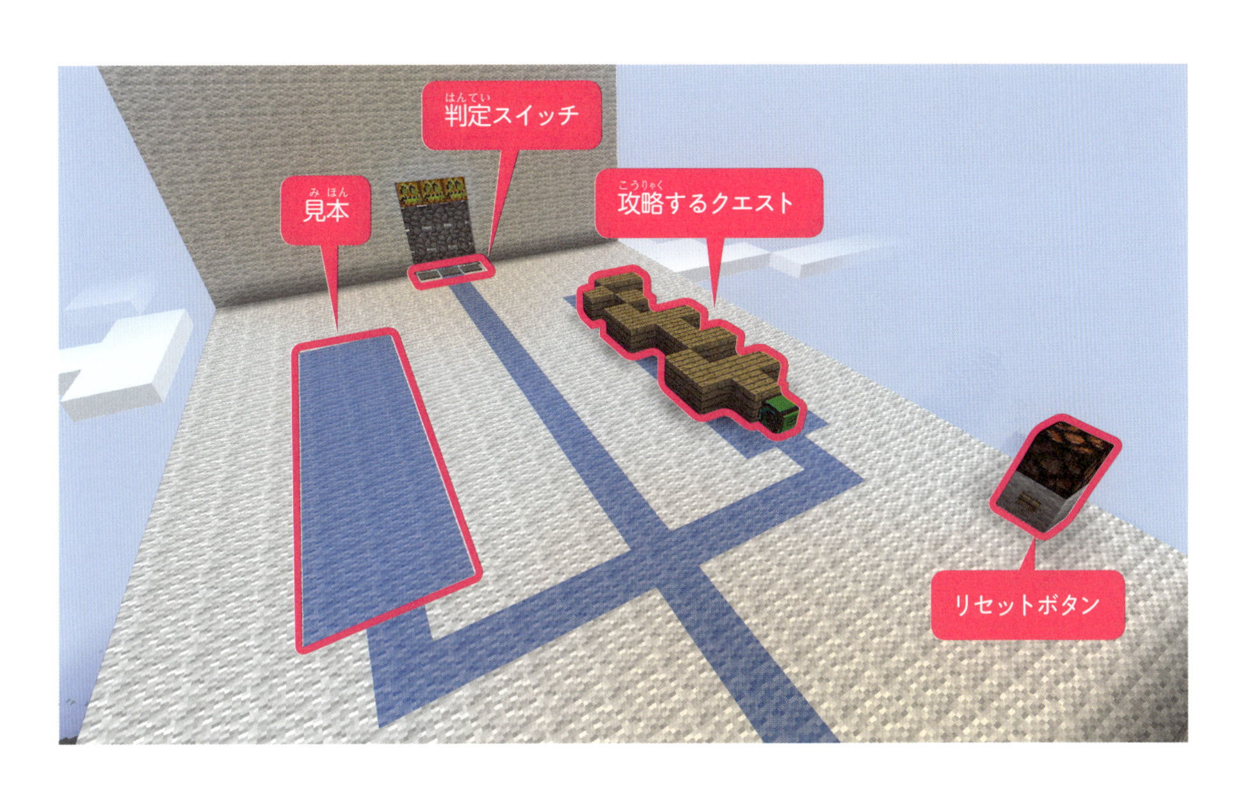

ヒント

このクエストの集大成だ

ノーヒントだよ！　これまでに勉強してきたことを全部思い出しながらやってみよう！

上から見たところ

こたえは ➡ P.158

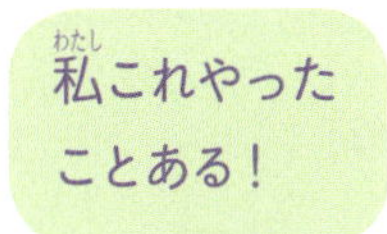

天空のラストクエスト
おもしろかったね!

いままで出てきたプログラムを
いっぱい使ったね!

プログラミングは
楽しいワン!

コラム

タートルが遠くに行ってしまったら

リモコンの画面を閉じたあと、タートルが遠くに行ってしまったら、タートルを右クリックしてリモコンを出すのが大変だよね。

そんなときはキーボードの[0](ゼロ)キーを押してみよう。タートルのリモコンが手元にもどってくるよ。

キーボードの
[0]キーをおす

タートルもリモコンも遠くに行ってしまった!

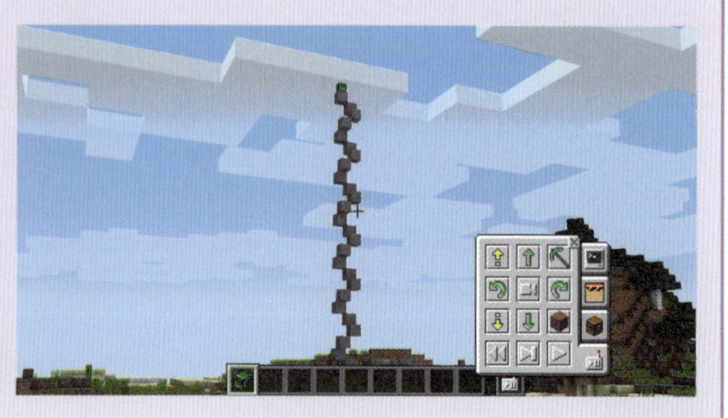

リモコンがもどってきた!

第8章

プログラミングを成功させるコツ

ここまで学習してきて、プログラムに慣れたかな？ここではいろいろなプログラムの紹介と、プログラミングのコツをちょっとだけ紹介するよ。

おうちの方へ

タートルで扱える関数を用意しました。またプログラムのアイデアをめとめる方法にも触れています。お子さんが自分でいろいろなプログラムを作る力を伸ばしてあげてください。

1 タートルにできること！
タートルの関数（命令）のまとめ

タートルの移動

turtle.forward()	タートルが前に進む。
turtle.back()	タートルが後ろに進む。
turtle.up()	タートルが上に進む。
turtle.down()	タートルが下に進む。
turtle.turnLeft()	タートルが左を向く。
turtle.turnRight()	タートルが右を向く。

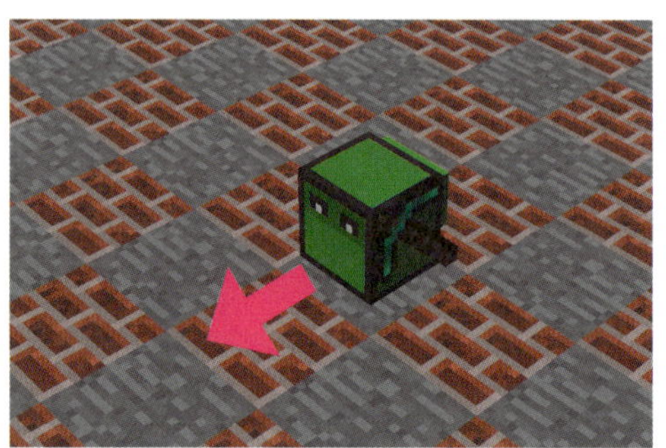

ほる

turtle.dig()	前をほる。
turtle.digUp()	上をほる。
turtle.digDown()	下をほる。

えらぶ／おく

turtle.select(n)	n番目のスロットをえらぶ。nには数字が入る。
turtle.place()	前にブロックをおく。
turtle.placeUp()	上にブロックをおく。
turtle.placeDown()	下にブロックをおく。

アイテムをひろう／出す

turtle.suck()	前のアイテムをひろう。
turtle.suckUp()	上のアイテムをひろう。
turtle.suckDown()	下のアイテムをひろう。
turtle.drop()	前にアイテムを出す。
turtle.dropUp()	上にアイテムを出す。
turtle.dropDown()	下にアイテムを出す。

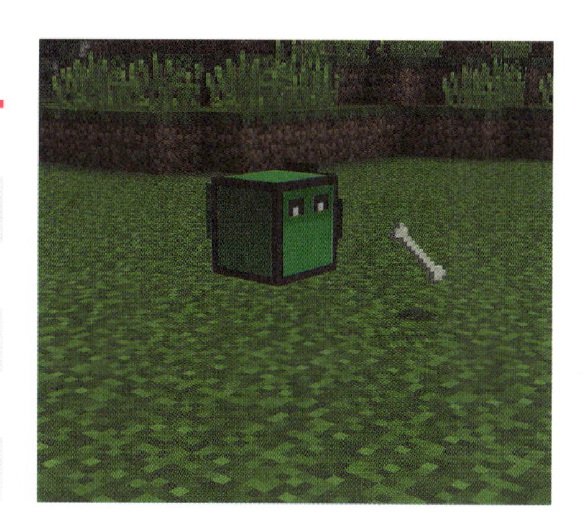

いう

```
turtleedu.say("Hello World!")
```

"と"の間の内容をしゃべる。

その他（調べる／くらべる／見分ける／攻撃）

turtle.detect()	前にブロックがあるか調べる。
turtle.detectUp()	上にブロックがあるか調べる。
turtle.detectDown()	下にブロックがあるか調べる。
turtle.compare()	前のブロックとくらべる。
turtle.compareUp()	上のブロックとくらべる。
turtle.compareDown()	下のブロックとくらべる。
turtle.inspect()	前のブロックを見分ける。
turtle.inspectUp()	上のブロックを見分ける。
turtle.inspectDown()	下のブロックを見分ける。
turtle.attack()	前を攻撃する。
turtle.attackUp()	上を攻撃する。
turtle.attackDown()	下を攻撃する。

2 プログラムをつくるときには 設計図をつくろう

プログラムをつくるときは設計図を先につくっておくとラクだよ。難しいプログラムだなと思ったら設計図をつくろう。

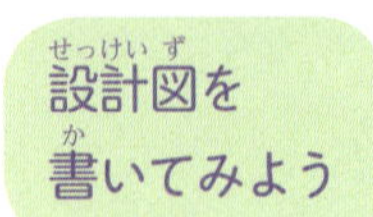

 まずアイデアシートを書こう

まず、アイデアをまとめたアイデアシート（設計図）をつくるよ。

1. つくりたいものを一言で説明する
2. やりかたを書き出してみる
3. 絵にしてみる（絵の段階で書き直してみる）

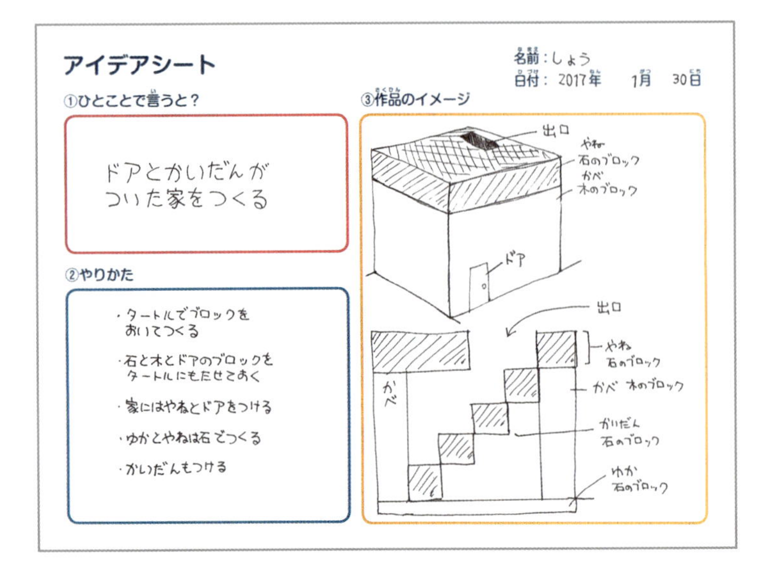

①一言で説明する

何をするのか明確にしてみよう。つくりたいものはひとことでいうと、どんなものかな？ だれに遊んでもらうのかを考えながら書いてみよう。

②やりかたを書き出してみる

どんなふうにやるのかをリストアップしてみよう。できないことはあるかな？

③イメージを具体的な絵にしてみる

自分の考えを絵に描いてかたちにしてみよう。完成形はどんなふうになるかな？ うまくいきそうかどうか絵の段階で考えておいて、描き直しておけばあとで直すより楽ちんだね。

 開発シートでプログラムをつくる順番を考えよう

開発シートはプログラムをつくるときにやることをリストにしたものだよ。これがあるとプログラムをつくるときに何から始めたらいいのかわかるし、どれぐらいの時間でプログラムができあがるかわかりやすいね。

・開発シートのつくりかた

1. 名前をつける
2. やることを細かく分類する
3. つくっていく順番を決める

①名前をつけてみよう

どんなタイトルになるかな？

②やることをこまかく分類する

思いつくだけ書き出してみよう

③つくっていく順番を決める

どれに時間がかかりそうかな？

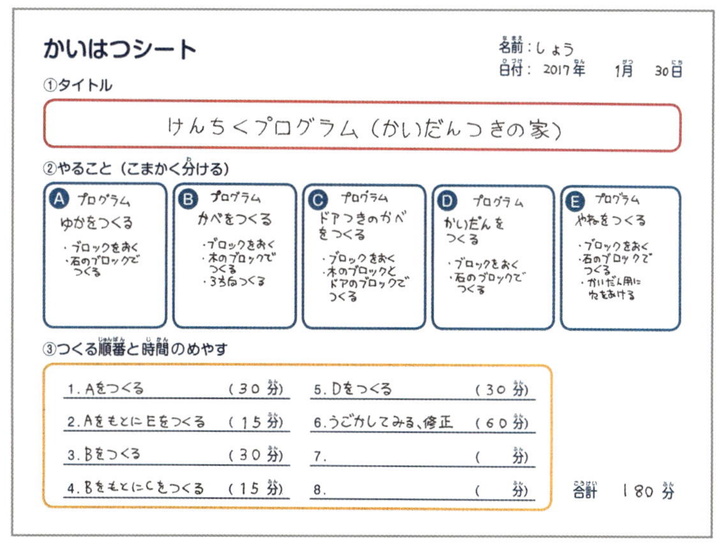

かいはつシート

名前：しょう
日付： 2017年　1月　30日

①タイトル

けんちくプログラム（かいだんつきの家）

②やること（こまかく分ける）

Ⓐ プログラム
ゆかをつくる
・ブロックをおく
・石のブロックでつくる

Ⓑ プログラム
かべをつくる
・ブロックをおく
・木のブロックでつくる
・3ち面つくる

Ⓒ プログラム
ドアつきのかべをつくる
・ブロックをおく
・木のブロックとドアのブロックでつくる

Ⓓ プログラム
かいだんをつくる
・ブロックをおく
・石のブロックでつくる

Ⓔ プログラム
やねをつくる
・ブロックをおく
・石のブロックでつくる
・かいだん用に穴をあける

③つくる順番と時間のめやす

1. Aをつくる（30分）	5. Dをつくる（30分）
2. AをもとにEをつくる（15分）	6. うごかしてみる、修正（60分）
3. Bをつくる（30分）	7. （　分）
4. BをもとにCをつくる（15分）	8. （　分）

合計　180分

 思いどおりうごくか調べよう

プログラムをつくっても、思ったとおりにうごくかどうかはわからないよ。実際にうごかしてみておかしなところを直そう。思ったよりも修正に時間がかかることがあるから、あらかじめ時間をとっておくといいよ。

1回目ではほとんどうまくいかないワン！

自らのアイデアを実現しようとする姿勢をほめてあげてください

マインクラフトを通じてプログラミングを学ぶことはもちろん大事ですが、それよりも大事なのは、「こうしてみたい」「こういったものをつくりたい」という自らのアイデアを実現しようとする姿勢や、やり遂げようとする姿勢です。

作品やその完成度だけが重要なのではなく、大人の目から見て、それほど面白さがわからない作品であったとしても、自ら考えて作り出すこと、目の前の物事に集中して1つひとつの課題にチャレンジし、やり抜くことに価値があるのです。

マインクラフトは大人から子供まで大人気のゲームですが、ただプレイして楽しいという要素だけでなく、子供たち1人ひとりのアイデアを比較的簡単に実現することのできる素晴らしい教材の要素をもっています。

本気で集中して、0から100まで自分でやりかたを考え、自分なりのやりかたでゴールすることが素晴らしい価値をもつのです。

お子さんたちに対しても技術力や頭のよさだけをほめるのではなく、「自ら考えていた」こと、「やり遂げようと努力した」こと自体をほめてあげる、自分の力でゴールしたことをほめてあげることが大事です。

マインクラフトプログラミングをもっと勉強するには

マインクラフトにおけるプログラミングを本書の内容よりももっと勉強したくなったら、より高度な内容にチャレンジしてみましょう。

本書で解説しているComputerCraftEduに関してはhttp://computercraftedu.com/(英語)にくわしい説明が載っています。

マインクラフトでのプログラミングをもっと学習したい場合には、ComputerCraftEduのもととなったComputerCraftにチャレンジするのもいいでしょう。

ComputerCraftではさらに複雑なプログラムで自由にマインクラフト世界でのプログラミングができます。

アイデア実現する手段はプログラミングだけではありません

この本では、マインクラフトの中でプログラミングをすることで、子供たちのアイデアを実現するサポートをしています。しかし、アイデアを実現する手段は当然ながらプログラミングだけではありません。工作、研究、起業……　さまざまなアイデアを実現する手段の1つがプログラミングでのモノづくりです。大事なのは、子供のうちにさまざまなアイデアを実現する手段にふれること、興味関心が強かった手段に没頭することだと思っています。

いまお子さんがプログラミングを好きにならなかったとしても、「こういう世界も世の中にはあるんだ」とさまざまな種類の経験をくりかえしていくことで、子供たちの将来のやりたいことが明確になっていくのではないでしょうか。

プログラミングを本格的に勉強したくなったら

プログラミングの面白さに目覚めたら、マインクラフトプログラミング以外の本格的なプログラミングにチャレンジしてみるのもいいでしょう。JavaScriptといった言語を使ってホームページを作成してみたり、iPhoneやAndroidのようなスマートフォン向けのゲームやアプリを開発するための勉強をしてみたりするのもおすすめです。

私たちTech Kids Schoolでも、プログラミング学習用ツールScratchを用いたコースから、iPhoneアプリを開発するコースや、3D ゲームを開発するコースまで幅広く学習できる環境を用意しています。

小学生のためのプログラミングスクール「Tech Kids School」

「Tech Kids School」は、小学生のためのプログラミングスクールです。「アメーバブログ」や「AbemaTV」などのインターネットサービスを運営するIT企業サイバーエージェントグループが運営しており、2013年の10月に渋谷で開校しました。現在は渋谷、秋葉原、二子玉川、横浜、名古屋、大阪、神戸、那覇の8教室で、小学校1年生から6年生まで、800人以上の生徒がiPhoneアプリや3Dゲームなどの開発を学んでいます。中には、オリジナルのスマートフォンアプリを開発しアプリストアにリリースした生徒や、プログラミングコンテストで受賞した生徒もおり、顕著な学習成果が出ています。

Tech Kids Schoolでは、「ITの力を自分の強みとして活用し、自分のアイデアを自分の力で実現できる人材」を育てるということをビジョンとして掲げています。「プログラミング教育」と聞くと、プログラミング技術を習得するための訓練のようにとらえられがちですが、Tech Kids Schoolでは、プログラミング技術そのものは自分のやりたいことを実現するための1つの手段に過ぎないととらえています。ですから、スクールで学ぶカリキュラムの中には、企画書を書いたり、プレゼンテーションを学んだりと、プログラミング以外のことも盛りこまれています。

また、短期間で学べるプログラミング体験ワークショップ「Tech Kids CAMP」も開催しています。プログラミングに興味を持ち、その楽しさを知ってもらうことを目的としており、春休みや夏休みなどの長期休暇を利用して、2〜3日間などの短期間でアプリやゲームの開発を体験することができます。本書で紹介しているマインクラフトを用いたプログラミングも、Tech Kids CAMPで体験することができます。

 2020年プログラミング必修化に向けてのTech Kids School取り組み

アメリカやイギリスをはじめ、世界中の国々で小学校からプログラミングを教えるうごきが広がる中、日本でも2020年から小学校でプログラミング学習を必修とすることが決まりました。

Tech Kids Schoolでは、各地の小学校・自治体を訪問してのプログラミング出張授業や、大学と連携した研究授業を実施し、プログラミング必修化に向けた教育実践・提言活動を行っています。また、2016年4月には、政府と経済界代表との意見交換会合「第5回未来投資に向けた官民対話」にTech Kids Schoolの校長を務める上野朝大（株式会社CA Tech Kids代表取締役社長）が出席し、安倍首相、馳文部科学大臣（当時）をはじめとした閣僚にプログラミング教育の重要性について説明を行いました。

出典：首相官邸HP（http://www.kantei.go.jp/jp/97_abe/actions/201604/12kanmintaiwa.html）

第2章クエスト：砂漠のステージのこたえ

クエスト1

```
turtle.turnRight()
turtle.forward()
turtle.up()
```

クエスト2

```
turtle.digDown()
turtle.digUp()
turtle.up()
turtle.digUp()
```

クエスト3

```
turtle.up()
turtle.placeDown()
turtle.placeUp()
turtle.place()
```

第3章クエスト：雪のステージのこたえ

クエスト1

```
for i = 1, 5 do
  turtle.dig()
  turtle.forward()
end
```

クエスト2

```
for i = 1, 10 do
  turtle.back()
  turtle.place()
end
```

クエスト3

```
for i = 1, 3 do
  turtle.place()
  turtle.up()
  turtle.forward()
end
```

第4章クエスト：森のステージのこたえ

クエスト1

```
for i = 1, 10 do
  if turtle.detect() == true then
    turtle.dig()
  end
  turtle.forward()
end
```

クエスト2

```
for i = 1, 6 do
  turtle.up()
  if turtle.detect() == false then
    turtle.place()
  end
end
```

クエスト3

```
for i = 1, 10 do
  if turtle.detect() == true then
    turtle.up()
    turtle.forward()
    turtle.forward()
    turtle.down()
  end
  turtle.forward()
end
```

第5章クエスト：海底神殿のステージのこたえ

クエスト1

```
turtle.up()
turtle.turnLeft()
turtle.forward()
turtle.forward()
turtle.up()
```

クエスト2

```
turtle.digUp()
turtle.up()
turtle.digUp()
turtle.up()
turtle.turnLeft()
turtle.dig()
```

クエスト3

```
turtle.back()
turtle.place()
turtle.back()
turtle.place()
turtle.up()
turtle.placeDown()
turtle.up()
turtle.placeDown()
```

クエスト4

```
for i = 1, 5 do
  turtle.up()
  turtle.placeDown()
end
```

クエスト5

```
for i = 1, 8 do
  turtle.digUp()
  turtle.up()
end
```

クエスト6

```
for i = 1, 5 do
  turtle.placeUp()
  turtle.placeDown()
  turtle.back()
  turtle.place()
end
```

クエスト7

```
for i = 1, 5 do
  turtle.place()
  turtle.turnRight()
  turtle.turnRight()
  turtle.place()
  turtle.up()
end
```

クエスト8

```
for i = 1, 10 do
  turtle.forward()
  if turtle.detectDown() == false then
    turtle.placeDown()
  end
end
```

クエスト9

```
for i = 1, 10 do
  turtle.forward()
  if turtle.detectUp() == true then
    turtle.digUp()
  end
end
```

クエスト10

```
for i = 1, 6 do
  turtle.up()
  if turtle.detect() == true then
    turtle.dig()
  end
end
```

第7章(だい しょう)クエスト：天空(てんくう)のステージのこたえ

クエスト1

```
turtle.up()
turtle.turnRight()
turtle.forward()
turtle.forward()
turtle.turnLeft()
turtle.down()
```

クエスト2

```
turtle.digUp()
turtle.up()
turtle.turnRight()
turtle.dig()
turtle.turnLeft()
turtle.digUp()
turtle.up()
turtle.turnLeft()
turtle.dig()
```

クエスト3

```
turtle.up()
turtle.placeDown()
turtle.turnLeft()
turtle.place()
turtle.turnRight()
turtle.turnRight()
turtle.place()
turtle.turnLeft()
turtle.up()
turtle.placeDown()
```

クエスト4

```
for i = 1, 10 do
  turtle.place()
  turtle.turnRight()
  turtle.up()
end
```

クエスト5

```
for i = 1, 5 do
  turtle.place()
  turtle.turnLeft()
  turtle.turnLeft()
  turtle.up()
end
```

クエスト6

```
for i = 1, 5 do
  turtle.place()
  turtle.turnRight()
  turtle.turnRight()
  turtle.place()
  turtle.turnRight()
  turtle.up()
end
```

クエスト7

```
for i = 1, 10 do

  if turtle.detect() == true then
    turtle.dig()
  end

  turtle.forward()

  if turtle.detectUp() == true then
    turtle.digUp()
  end

end
```

クエスト8

```
for i = 1, 6 do

  if turtle.detectUp() == true then
    turtle.digUp()
  end

  turtle.up()

  if turtle.detect() == false then
    turtle.place()
  end

end
```

クエスト9

```
for i = 1, 5 do

  turtle.up()

  if turtle.detect() == true then
    turtle.dig()
  end

end

  turtle.up()

for i = 1, 5 do

  if turtle.detect() == true then
    turtle.dig()
  end

  turtle.turnRight()
  turtle.forward()
  turtle.turnLeft()

end
```

クエスト10

```
for i = 1, 10 do

  if turtle.detect() == true then
    turtle.dig()
  end

  turtle.forward()
  turtle.turnLeft()

  if turtle.detect() == true then
    turtle.dig()
  end

  turtle.turnRight()
  turtle.turnRight()

  if turtle.detect() == true then
    turtle.dig()
  end

  turtle.turnLeft()

end
```

この本をやりおえたキミへ

おわりに

アイデアを実現する力を身につけよう

プログラミングの世界のことを少しわかるようになったかな？　自分で考えたとおりにタートルをうごかす、自分で考えたとおりに何かモノをつくる、これってすごく面白いことだよね。少しでもプログラミングに興味を持ったらもっと難しいプログラミングにもチャレンジしてみよう！

実は、プログラミングではなくとも「自分で考えたとおりに何かモノをつくる」ということは経験できるんだよ。ダンボールを使って○○をつくろう、のこぎりと木を使って○○をつくろう、あれとこれをくみあわせて○○という料理をつくろう……　のように、自分の考えた“アイデア”を実現することはいろいろな方法でできるんだ！　だから、プログラミング以外でも、「こんなモノあったらいいな」と思ったら、とにかくつくってみることが大事なんだよ。

自分のアイデアを自分以外の人に伝えよう

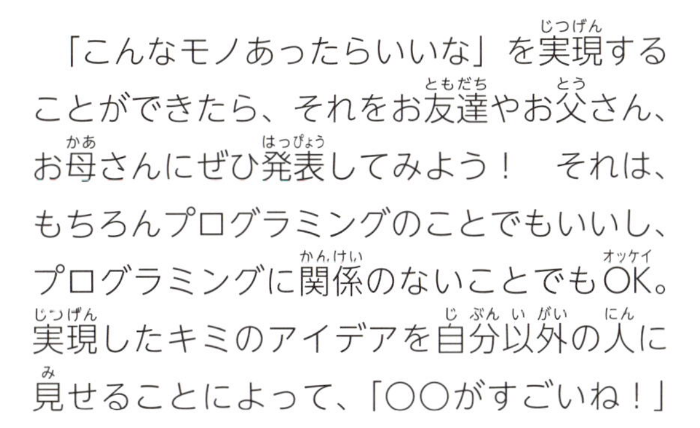

「こんなモノあったらいいな」を実現することができたら、それをお友達やお父さん、お母さんにぜひ発表してみよう！　それは、もちろんプログラミングのことでもいいし、プログラミングに関係のないことでもOK。実現したキミのアイデアを自分以外の人に見せることによって、「○○がすごいね！」「こんなことできるんだ！」と驚いてくれるだけでなく、「こんなふうにするともっと良くなるよ」のようなアドバイスをもらうこともできちゃうんだ。

せっかく実現したキミのアイデアは、どんどんほかの人にも発表していこう！　恥ずかしがっていたら、もったいない！

著者プロフィール

■ Tech Kids School(テックキッズスクール)

Tech Kids School(テックキッズスクール)は、プログラミングを真剣に学びたい小学生のためのスクール。iPhoneアプリやAndroidアプリ、3Dゲームなどの開発を楽しく学ぶことができる。

■ 株式会社キャデック

本の編集・デザインを行う編集プロダクション。創立40年の歴史を持ち、児童書や実用書、教科書などジャンルは多岐にわたる。ビジュアル主体の本の制作には定評がある。

装丁デザイン　加藤 陽子
編集　株式会社キャデック
編集協力　Tech Kids School(テックキッズスクール)(鈴木拓・永野亮介・野並将志)
DTP　株式会社シンクス
本文デザイン　株式会社キャデック
本文キャラクターデザイン　稲葉 貴洋

コードでチャレンジ!
マインクラフトプログラミング

2018年 3月12日　初版第1刷発行

著　者　Tech Kids School(テックキッズスクール)
編著者　株式会社キャデック
発行人　佐々木 幹夫
発行所　株式会社翔泳社
(http://www.shoeisha.co.jp/)
印刷・製本　株式会社 シナノ

ISBN978-4-7981-5505-0 Printed in Japan